"十三五"高职高专院校规划教材（烹饪类）

食品雕刻与冷拼艺术

周建龙　郝志阔　主编

中国质检出版社
中国标准出版社
北　京

图书在版编目（CIP）数据

食品雕刻与冷拼艺术 / 周建龙，郝志阔主编 . —北京：
中国质检出版社，2019.1（2022.4 重印）
ISBN 978-7-5026-4681-3

Ⅰ. ①食… Ⅱ. ①周… ②郝… Ⅲ. ①食品雕刻②凉菜
—制作 Ⅳ. ① TS972.114

中国版本图书馆 CIP 数据核字（2018）第 257282 号

内 容 提 要

本书由食品雕刻和冷拼两大部分组成，主要内容包括：食品雕刻基础知识、花卉类雕刻、草虫类雕刻、水产类雕刻、禽鸟类雕刻、冷拼概述、冷拼基本功、花卉类造型拼盘、果蔬类造型拼盘、鱼虫类造型拼盘、禽鸟类造型拼盘等。

本书可作为高职高专、中职中专、实践性本科烹饪与营养教育、烹调工艺与营养、餐饮管理等专业的教材，亦可作为烹饪培训、宾馆饭店从业人员及烹饪爱好者的参考书。

中国质检出版社
中国标准出版社 出版发行

北京市朝阳区和平里西街甲 2 号（100029）
北京市西城区三里河北街 16 号（100045）
网址：www.spc.net.cn
总编室：（010）68533533 发行中心：（010）51780238
读者服务部：（010）68523946
中国标准出版社秦皇岛印刷厂印刷
各地新华书店经销

＊

开本 787×1092 1/16 印张 14.75 字数 326 千字
2019 年 1 月第一版 2022 年 4 月第四次印刷

＊

定价：50.00 元

丛 书 编 委 会

序　言

　　联合国发布的《2018 年世界经济形势与展望》报告显示，2017 年，受发达经济体、新兴市场和发展中经济体广泛复苏支撑，全球经济增长 3%，达到了 2011 年以来的最快增速，而中国对全球经济增长贡献最大，约占 1/3。中国经济将延续稳中向好的发展态势。在党的十九大精神指导下，餐饮业将继续发挥扩大消费需求、拉动经济增长重要驱动力的作用，全行业实现平稳、健康、可持续发展。

　　餐饮业就业人员调查结果表明：从岗位人员结构看，餐厅服务及管理人员占 52.66%，厨房厨师及管理人员占 47.34%；从学历结构来看，初中及以下、高中学历分别占总人数的24.12% 和 71.08%，大专和本科学历分别占总人数的 4.46% 和 0.34%。餐饮从业人员的学历水平比其他行业的平均水平低6.2%。餐饮从业人员文化素质普遍不高，给中国餐饮市场的进一步发展带来阻力。因此，培养高质量的烹饪专业人才，对实现烹饪高等职业教育人才培养与餐饮市场需求合理对接，有着重要的现实意义。

　　我国烹饪技术的教育形式，从职业厨师的言传身教或以师带徒到进行学校教育，经过了漫长的历史过程。中餐烹饪专业正式走上学历教育已有半个多世纪。目前，我国开设烹饪本科教育的院校达 20 多所，开设烹饪高职教育的达 180 多所，涵盖了烹调工艺与营养、餐饮管理、中西面点工艺、西餐工艺、营养配餐 5 个高职专业。结合烹饪专业的职业特点，我们组织了国内一些学校的老师共同编写了本套教材，旨在为中国高职烹饪专业的发展添砖加瓦。

　　本套教材的特点如下：

1. 符合职业教育特色

突出烹饪理论的知识性、系统性，既注重实践操作能力的训练，又体现出理论知识的深度。

2. 适应餐饮行业需求

中国餐饮行业变化迅速，餐饮行业的标准化管理较几年前发生了翻天覆地的变化。为了适应日新月异的餐饮行业发展，人才培养方案也需作出迅速应变，故适当调整了课程体系或课时安排，以期更符合市场需求。

3. 扩大编写院校

在组织编写过程中，注重扩大教材编写队伍，参与编写的院校主要有广东环境保护工程职业学院、桂林旅游学院、天津海运职业学院、吉林农业科技学院、河北师范大学、岭南师范学院、惠州城市职业学院、重庆商务职业学院、昌吉职业技术学院、广西职业技术学院等 10 多所。另外，为突出教材的实践成分，我们还邀请了行业从业人员参与编写，增加了教材的前沿性。

4. 强调教材之间的关联性

积极处理好课程与课程之间、专业与专业之间的相互关系，避免内容的短缺和不必要的重复。

5. 改变编写体例

理论知识以实用为主，内容的选取紧紧围绕完成工作任务的需要来进行。同时，充分考虑高等职业教育对理论知识学习的需要，融合了相关职业资格考试对知识、技能和素质的要求。根据岗位工作过程，以任务驱动引导教材编写，在编写过程中以教学模块和工作任务取代以往教材中的章节体系。

希望这套教材能为我国烹饪类专业的发展尽绵薄之力，并使其成为具有规范性、示范性和指导性的高职烹饪类专业教材体系。

丛书编委会

2018 年 7 月

前 言 FOREWORD

食品雕刻与冷拼是各类高职高专院校烹饪专业重要的专业课之一。烹饪专业学生必须掌握一定的食品雕刻和冷拼技能，提高食品雕刻与冷拼造型设计和制作水平。

为提升课程的科学性和适用性，提高教学质量，改进教学方法，满足烹饪专业人才的市场需求，我们参考了已经出版的相关教材，紧密结合烹饪专业学生未来工作能力的培养，以项目化教学为主线，以任务驱动为框架，组织相关人员编写了本书。

本书以技能操作为主，让学生掌握食品雕刻和冷拼的基本知识和技巧。全书列举了部分食品雕刻和冷拼的实例，并配有详细的制作图解，以期为学生继续学习和就业奠定良好的基础。

本书由东营市东营区职业中等专业学校周建龙和广东环境保护工程职业学院郝志阔担任主编，山东蓝海酒店集团黄凯、天津海运职业学院宋中辉、广东环境保护工程职业学院叶小文、岭南师范学院李锐担任副主编。具体分工为：食品雕刻部分项目一由广东环境保护工程职业学院郝志阔编写；项目二由东营市东营区职业中等专业学校周建龙编写；项目三由天津海运职业学院宋中辉，山东蓝海酒店集团黄凯共同编写；项目四由广东环境保护工程职业学院叶小文，岭南师范学院李锐共同编写；项目五由东营市东营区职业中等专业学校周建龙，山东蓝海酒店集团黄凯共同编写。冷拼部分项目一由广东环境保护工程职业学院郝志阔编写；项目二由东营市东营区职业中等专业学校周建龙、晁庆、段强、杨滨滨共同编写；项目三由天津海运职业学院宋中辉，江门市旅游职业技术学校胡金铭，桂林旅游学院赵浩然，中山职业技术学院黄立飞共同编写；项目四由阳江技师学院金家强、李国志，佛山市南海区九江职业技术学校席锡春，广州工程技术职业学院邓淞升共同编写；项目五由东营市东营区职业中等专业学校周建龙、晁庆，天津海运职业学院宋中辉，茂名市第二职业技术学校莫伟苗共同编写；项目六由东营市东营区职业中等专业学校周建龙、晁庆共同编写。周建龙、郝志阔对全书进行了统稿，并对部分内容进行了修改。

在编写本书的过程中参考了国内相关专家的文献资料，在此一并表示感谢。由于编者水平有限，加之时间紧迫，书中可能尚存错漏之处，恳请读者提出并指正，以便修订时改正。

编　者

2018 年 9 月

目 录 CONTENTS

第一部分　食品雕刻

第二部分　冷　拼

附　录

第一部分

食品雕刻

项目一　食品雕刻基础知识

 **项目导学**

　　中国历来有烹饪王国的美称。辽阔的地域、众多的民族孕育了中国博大精深的烹饪文化，其中，典型的就是食品雕刻技艺。食品雕刻就是用烹饪原料雕刻成各种动植物、人物、花卉、建筑等图案来美化菜肴、装点宴席。

 **项目目标**

　　知识教学目标： 通过本项目的学习，使学生了解食品雕刻的历史与发展，熟悉食品雕刻的种类、工艺程序与特点，掌握食品雕刻的原料、工具的种类与应用。

　　能力培养目标： 掌握食品雕刻的基本手法，为全面掌握食品雕刻的设计和制作技能打下基础。

任务一 食品雕刻的历史与发展

我国在食品上进行雕刻的技艺历史悠久，大约在春秋时已有。《管子》一书中曾提到"雕卵"，即在蛋壳上进行雕画，这可能是世界上最早的食品雕刻。其技后世沿之，直至今日。至隋唐时，又在酥酪、鸡蛋、脂油上进行雕镂，装饰在饭食上面。宋代，席上雕刻食品成为风尚，所雕的为果品、姜、笋制的蜜饯，造型为千姿百态的鸟兽虫鱼、亭台楼阁。这一方面反映了贵族生活的豪奢，另一方面也表现了当时厨师手艺的精妙。至清代乾隆、嘉庆年间，扬州席上，厨师雕有"西瓜灯"，专供欣赏，不供食用。北京中秋赏月时，往往雕西瓜为莲瓣。此外，更有雕为冬瓜盅、西瓜盅者。冬瓜盅以广东最为著名，瓜皮上雕有花纹，瓤内装有美味，赏瓜食馔，独具风味。这些都体现了厨师高超的技艺与巧思。食品雕刻借鉴了石雕、木雕、玉雕的创意与技法，是一门充满诗情画意的艺术。

到了近代，人们越来越追求美食之美，使食品雕刻在内容、形式和技法上有了新的发展和突破。如今，职业院校和烹饪行业已经将食品雕刻列为单独的职业竞赛项目，通过历届竞赛比拼，加上广大食品雕刻爱好者的刻苦钻研，涌现出一大批食品雕刻艺术大师，使我国这一传统技艺得到传承并发扬光大。

 思考与练习

未来食品雕刻会有哪些发展？

任务二　食品雕刻的种类

食品雕刻所涉及的内容非常广泛，品种多种多样，采用的雕刻形式也有所不同。

（一）按照雕刻作品的表现形式分类

1. 整雕，又称圆雕。用一块大的或整形的原料，不需要其他物料的搭配，雕刻成一个完整的立体形象，如雕刻"喜鹊""鲤鱼""月季花"等。其特点是依照实物独立表现完整的形态，不需要辅助支持而单独摆设，造型上下、左右、前后均可供观赏，具有较高的欣赏价值。

2. 零雕整装。分别用多种原料雕刻成某一物体的各个部件，集中组装成完整的物体。如今，这种雕刻方法较为流行，制作出的作品形象逼真，色彩艳丽。

3. 浮雕。在原料表面上刻成凹凸不平、呈现出各种图案的一种雕刻方法。大都选用原料表皮与肉质颜色反差大的原材料，如冬瓜、南瓜、西瓜等。浮雕有阴文浮雕和阳文浮雕两种类型，阳文浮雕就是把雕刻的图案凸显出来，而阴文浮雕则是以原料表面上凹槽线条表现图案的一种手法。常见的浮雕作品有"西瓜盅""冬瓜盅"等。

4. 镂空雕。将原料剜穿成各种透空花纹的雕刻方法。常见于瓜果表皮的美化，如"西瓜篮""西瓜灯"等。除此之外，还有将一些雕刻作品里面掏空，然后再从表面作出镂空图案的，如镂空雕刻的"鲤鱼""葫芦"等。

5. 平雕。将原料用刀修成厚片，再用模具刀压出各种立体形状，然后切成许多平面片状。这种雕刻作品以花鸟、兽类等图案轮廓为主，多用于点缀菜肴、作配料或辅助制作大型雕刻作品，因方法简单、速度快而广为应用。

（二）按照雕刻原料分类

1. 果蔬雕。以各种瓜果、蔬菜为主要原料完成的雕刻作品，这种雕刻形式应用较为广泛。

2. 琼脂雕。将琼脂加热熬化，倒入容器中，待其冷却后进行雕刻。成品晶莹如玉，有很好的艺术效果。

3. 盐雕。把食用盐与淀粉按一定比例混合在一起，放入各种造型的模具内，经加热后取出。

4. 冰雕。用冰为原材料，雕刻成动物、人物、建筑物等形状。

5. 糖雕，也称糖艺。以艾素糖或白砂糖为原料，将糖熬化，稍微冷却后，再经过拉糖、吹糖、粘合、塑形等手法，雕出具有观赏性、可食性的各种糖艺作品。

6. 面塑。以米粉、面粉为主要原料，加上石蜡、蜂蜜等成分，制成柔软的各色面团，再经过捏、搓、刻、塑等手法，雕出栩栩如生的艺术形象作品。

7. 其他类雕刻。主要有泡沫雕刻、花泥雕刻等。它们虽不属于食品雕刻的范围，但在一些餐饮展台上也被广泛应用。

 **思考与练习**

1. 食品雕刻中整雕有什么特点?
2. 食品雕刻按照原料分为哪几类?

任务三　食品雕刻的原料

一、食品雕刻的原料及应用

食品雕刻的常用原料有两大类,一类是质地细密、坚实脆嫩、色泽纯正的根、茎、叶、瓜、果等蔬果,另一类是既能食用又能供观赏的熟食食品,如蛋类制品,但最为常用的还是前一类。常用的蔬果品种的特性及用途如下:

1.青萝卜、白萝卜。体型较大、质地脆嫩,适合刻制各种花卉、飞禽走兽、风景、建筑等,是比较理想的雕刻原料。春、夏、秋、冬四季均可使用。如图1、图2所示。

图1　　　　　　　　　　　　　　　图2

2.胡萝卜、心里美萝卜、莴苣。这几种蔬菜体型较小,颜色各异,适合刻制各种小型的花、鸟、鱼、虫等。如图3~图5所示。

图3　　　　　　　　　　图4　　　　　　　　　　图5

3.红菜头,又名血疙瘩。由于色泽鲜红、体型近似圆形,因此适合刻制各种花卉。如图6所示。

4.芋头、红薯。质地细嫩,可以刻制各种花卉和人物。如图7、图8所示。

图6　　　　　　　　　　图7　　　　　　　　　　图8

　　5. 冬瓜、西瓜、南瓜、黄瓜。因为这些品种的瓜内部都是带瓤的，可利用其外表的颜色、形态刻制各种浮雕图案。如果去除内瓤，还可以作为盛器使用，如瓜盅和镂空刻制瓜灯。黄瓜等小型原料可以用来刻制昆虫，起到装饰、点缀的作用。如图9~图12所示。

图 9　　　　　　　　　　　　　图 10

图 11　　　　　　　　　　　　　图 12

　　6. 红辣椒、青椒、红樱桃、香菜、茄子、葱白等。这些品种主要用作雕刻作品的装饰以及盘饰。如图13~图16所示。

图 13　　　　　　　　　　　　　图 14

图 15　　　　　　　　　　　　　图 16

二、食品雕刻原料的贮存

　　食品雕刻的原料及成品，由于受到自身质地的限制，贮存不当极易腐烂、干瘪变质，既浪费时间又浪费原料，为了尽量延长其贮存时间，贮存方法如下：

1. 原料的贮存。瓜果类原料多产于气候炎热的夏天、秋天两个季节，因此适合将原料存放在空气湿润的阴凉处，这样原料中的水分不至于挥发。萝卜等用于冬天，宜存放在地窖中，上面覆盖一层约 0.3m 厚的沙土，以保持其水分，防止冰冻，可存放至春天。

2. 半成品的贮存。贮存方法是把雕刻的半成品用湿布或塑料布包裹好，以防止水分蒸发和变色。半成品不宜放入水中浸泡，如果浸泡太久会使其吸收过量水分而变脆，不宜下次雕刻。

3. 成品的贮存。贮存方法有两种：一种方法是将雕刻好的作品放入清凉水中浸泡，如在浸泡中发现水质变浑浊或有气泡需及时换水；另一种方法是低温贮存，将雕刻好的作品放入水中，移入恒温冰箱或保鲜库，以不结冰为最好，使之长时间不褪色，质地不变，延长使用时间。

 思考与练习

1. 食品雕刻原料中根茎类蔬果主要有哪些，适用于哪些雕刻作品？

2. 食品雕刻原料在贮存时应注意哪些事项？

任务四　食品雕刻工具的种类及应用

"工欲善其事，必先利其器"。要学好或做好食品雕刻，应先准备一些必要的雕刻工具。食品雕刻的工具没有统一的规格和样式，它是厨师根据实际操作的经验和对作品的具体要求，自行设计制作的。由于不同地区的厨师雕刻手法不同，所用的刀具也是各式各样。常见的刀具有切刀、主刀、戳刀、模型刀、拉刻刀及特殊刀具等。

（一）切刀

一般作配合雕刻的辅助刀具，主要用于切大型原料和修大形（指大体形态）使用，有时用以切割各种小型刻件等。如图1所示。

图1

（二）主刀

又称主刻刀、平口刀、万能刀等。主刀在雕刻过程中的用途最为普遍，是不可缺少的工具。主刀有大、小两种型号。大号主刀适用于雕刻有规则的物体，刀刃的长度约15cm，宽为1.5cm。小号主刀多适用于雕刻整雕和结构复杂的雕刻作品，其使用灵活，作用广泛，刀刃的长度为7~7.5cm，宽为1.2cm。如图2所示。

图2

（三）戳刀

戳刀的种类较多，样式达十余种，其中比较常见的是U型刀、V型刀、方口戳刀、弯形内槽戳刀、挑环刀等。根据不同的雕刻品种来进行选择。

1.U型刀，又称圆口戳刀。其刀刃的刃口横断面呈弧形，体长15cm，两端设刃，每一号U型刀两端刃口大小各有差异，宽的一端比窄的一端略宽2mm。如图3所示。多用于雕刻菊花花瓣、整雕的假山、动物的翅膀等。

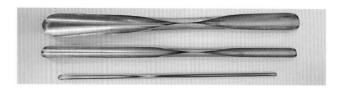

图 3

2. V 型刀，又称尖口戳刀。刀体长 15cm，中部略宽，刀身两端有刃，刀口规格不一，两头都可用来刻一些较细而且棱角较明显的槽、线、角。如图 4 所示。主要用于雕刻瓜雕的花纹、线条和鸟类的尖形羽毛，也可用于雕刻尖形花瓣。

图 4

3. 方口戳刀，又称凹口戳刀。刃口、横断面两边呈一定夹角的角型戳刀，夹角90°，两端设刃。如图 5 所示。

图 5

4. 弯形内槽戳刀，又称单槽弧线刀。一头为刀刃口，一头有柄，刀身长 15cm，刀口向下弯曲，弧度一般为 150°，槽深 0.3cm，宽为 0.5cm。如图 6 所示。多用于雕刻鸟的羽毛。

图 6

5. 挑环刀，也称钩型戳刀、划线刀、勾线刀。刀身两头有钩线刀刃，是雕刻西瓜灯、瓜盅纹线等的工具。如图 7 所示。

图 7

（四）模型刀

又称模具刀。模型刀是根据各种动植物的形象，用薄铁片或铜片制成的各种类型的模具。用它按压原料加工成型，然后切片使用。模型刀种类有很多，如梅花、桃子、叶子、蝴蝶等。文字型模型刀具也有用不锈钢制成的，有汉字文字、英文字母等很多字样。如图 8 所示。

图 8

（五）拉刻刀

拉刻刀是一种既可以拉线，又可以刻型，也可刻型和取废料同步完成的食雕刀具。其特点是：雕刻速度更快、更方便，雕刻出的作品完整无刀痕，特别适宜雕刻人物、兽类等。如图 9 所示。

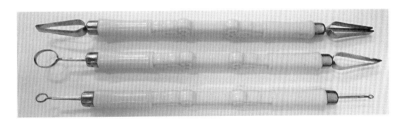

图 9

（六）特殊雕刻工具

主要包括刻线刀、划线刀、矩形刀、挖球刀、挖料刀、分规、锉刀、墙纸刀、打皮刀等。如图 10、图 11 所示。

图 10

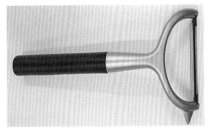

图 11

（七）剪刀、镊子

这两种小工具的用途也很多，比如，镊子用来安装或夹取一些点缀的小型配件；剪刀用来修剪花卉和其他作品。如图 12、图 13 所示。

图 12

图 13

 思考与练习

1. 主刀为什么又称万能刀？
2. 简述戳刀的种类及应用。

任务五　食品雕刻的主要刀法

食品雕刻的刀法与在菜墩上加工切配菜肴原料时所用的刀法不同，它具有一定的特殊性，在使用时，要根据原料的质地和老嫩程度等各方面的性能，以及食品雕刻本身的需要，灵活运用。

（一）旋刀法

旋刀法多用于各种花卉的刻制，它能使作品圆滑、规则。旋刀法又分为内旋和外旋两种方法。外旋适合于由外层向里层刻制的花卉，如月季花、玫瑰花等。如图 1 所示。内旋适合于由里向外刻制的花卉或两种刀法交替使用的花卉，如马蹄莲等。如图 2 所示。

（二）刻刀法

刻刀法是用主刀进行操作，落刀成型。刻刀法是雕刻中最常见的刀法。如图 3 所示。

图 1　　　　　　　　　　图 2　　　　　　　　　　图 3

（三）戳刀法

戳是由特制的刀具所完成的一种刀法。用戳刀在原料上戳出细条、三角条和半圆花瓣。戳刀法多运用于花卉和鸟类的羽毛。戳刀法主要分为直戳、曲线戳、翘刀戳、翻刀戳。

1. 直戳。操作时左手拿稳原料，右手持刀，将戳刀压在原料的表面，找好进刀的位置，然后进刀，并且确定好深度和厚度。刀口的方向根据个人的需要朝前或向下，直线推进。如图 4 所示。

2. 曲线戳。曲线戳和直戳方法一样，只是运刀的路线是曲线，刻出的线条是弯曲的。曲线戳主要用于雕刻细长而且弯曲的形状。如图 5 所示。

3. 翘刀戳。翘刀戳主要用于雕刻凹状或花瓣状等形状。雕刻时，左手拿稳原料，右手持刀，将戳刀压在原料的表面，找好进刀的位置，先浅然后慢慢地加深，到一定的深度后，刀尖慢慢往上翘，刀后部往下压，刻出形状呈两头细的凹状或勺状。

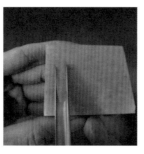

图 4

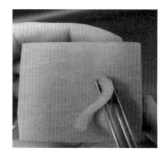

图 5

如图 6 所示。

4. 翻刀戳。操作方法和直戳的方法基本一样。区别就是戳的时候进刀的深度要慢慢加深，当快要戳到位时戳刀往上抬，再将戳刀拔出。这种戳刀法适合雕刻鸟类的羽毛或是细长型的花瓣。如图 7 所示。

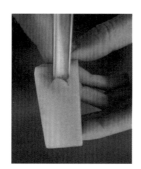

图 6

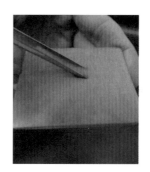

图 7

（四）划刀法

划是指在雕刻的物体上划出所构思的大体形态、线条，达到想要的深度后再刻的一种刀法。如图 8 所示。

（五）削刀法

削是一种辅助刀法。先削出雕刻的轮廓，再将表面修圆，使表面光滑、整齐。如图 9 所示。

图 8

图 9

（六）切刀法

切也是一种辅助刀法，可分为直切、斜切、锯切、压切、推切、拉切。

1. 直切。刀背向上，刀刃向下，左手按稳原料，右手持刀，刀与原料和案板呈90°垂直切下，使原料分开的一种切法。主要用于不规则的大块原料的最初加工处理。它能使不整齐的原料在厚、薄、长、短上更加明显地表现出来，用于雕刻作品造型的设计。另外，直切还可以用于雕刻时的"开大形"，使后面的雕刻变得简单方便，加快雕刻速度。如图10所示。

2. 斜切。操作时刀与原料、案板不成直角状的一种切法，其他要求和直切是一样的。斜切时，原料一定要先放稳，左手按稳原料，右手根据所需要的角度，手眼并用，使刀按要求切下去。如图11所示。

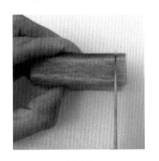 

图10　　　　　　　　　　　　　　图11

3. 锯切。操作时，一般选用窄而尖的刀具。左手按稳原料，右手持刀，先将刀向前推，然后再拉回来。一推一拉就像拉锯子一样的一种切法。这种锯切刀法适用于切性较大或太嫩、太脆的原料，熟食原料也多采用锯切的刀法。如图12所示。

4. 压切。将模具刀放在原料表面，然后施加压力将原料切下。这种方法主要用于平雕。要注意原料的厚度不能超过模具刀的深度。下压切时，最好在原料的下边垫上木板，防止伤手。如图13所示。

图12　　　　　　　　　　　　　　图13

5. 推切。要求刀与墩面垂直，刀自上而下从右后方向左前方推刀下去，一推到底，将原料断开。主要用以把原料加工成片的形状。

6. 拉切。是与推切相对的一种刀法。操作时要求刀与墩面垂直，用刀刃的中后部位对准原料被切位置，刀由上至下，从左前方向右后方运动，一拉到底，将原料切断。

主要用于把原料加工成片、丝等形状。

（七）抠刀法

抠是指使用各种刀具在雕刻作品的特定位置上，抠出、挖去多余的部分。如图 14 所示。

（八）刻画

刻画在雕刻大型的浮雕作品时较为适用，它是在平面上表现出所要雕刻的大体形状、轮廓。比如，雕刻西瓜盅时多采用此种刀法。如图 15 所示。

图 14　　　　　　　　　　图 15

 思考与练习

1. 戳刀法包括哪几种？它们有哪些技术要领？
2. 根据本节课所学食品雕刻的刀法，利用胡萝卜雕刻出圆球。

任务六 食品雕刻的工艺程序与特点

一、食品雕刻的工艺程序

（一）命题

确定雕刻作品主题是食品雕刻的前提。在追求艺术美的同时，要考虑到宾客对象、饮食的主题，时令的要求等因素，从而达到题、形、意三者高度的统一。

（二）选料

根据题材和雕品类型选择合适的原料。对于选用什么样的原料，雕哪些品种和哪些部位，要胸有成竹，做到大料大用、小料小用，使雕品的色彩和质量均达到题材设计的要求。

（三）构思

根据雕刻作品的主题思想及使用场合，决定雕刻作品的类型及造型，并考虑作品的大小、长短、高低等。要想作出好的雕刻作品，必须事先构思好每一个雕刻部件位置、形状和技法等。

（四）雕刻

雕刻是命题的具体表现，是最重要的一环，其方法多种多样，有的需要从里往外雕，有的需要从外向里雕，有的要先雕刻头部，有的要先雕刻尾部，这都需要根据雕刻作品的内容和类型而定。

（五）组装

雕刻作品完成之后，为了达到更好的效果，还要对各个部件进行组装、整理、修饰。比如，雕刻海底世界，我们不但要雕刻出一些鱼虾等作品，还要雕刻出珊瑚、海藻等配件进行组装，将雕刻作品的最佳效果完美表现出来。

二、食品雕刻的特点

食品雕刻是运用特殊刀具、刀法，将各种动植物食品原料雕刻成平面或立体的花卉、鸟兽、山水、鱼虫等形象的一门技艺，它把艺术与美食巧妙地融为一体，是烘托宴会气氛的重要手段。食品雕刻具有以下特点：

（1）由于各地烹饪原料与雕刻的技法不同，也由于食品雕刻刀具还没有统一的样式和规格，食品雕刻工具可根据厨师的实际操作自行设计和选购。

17

（2）食品雕刻最主要的目的，一是装饰点缀宴会台面和环境，活跃宴会气氛；二是美化菜肴，刺激人的食欲。因此，其具有独特的造型性、艺术性。

（3）用于食品雕刻的原料大多是一些质地脆嫩的瓜果、根茎和蛋制品、动物熟制品，贮存时间不宜太长，因而雕刻的展示时间短，且作品只能一次性使用，所以必须现做现用。

（4）某些作品不仅可供客人欣赏，而且可食用，如用熟鸡蛋、皮冻、琼脂、糖、豆腐等雕刻的作品。

（5）食品雕刻的卫生要求严格。食品雕刻一般分为可食用的和专供欣赏的两大类，但是都要讲究卫生，保证安全，防止污染。

 思考与练习

1. 食品雕刻的工艺程序是什么？
2. 食品雕刻有哪些特点？

项目二　花卉类雕刻

项目导学

　　花卉自古以来深受人们的喜爱，它能陶冶情操并给人以美的精神享受，故花卉是食品雕刻中的主要素材。花卉雕刻是学习食品雕刻的基础，也是食品雕刻中的重点。通过学习雕刻花卉，可以逐渐掌握食品雕刻中的各种刀法和手法，为以后的学习打下坚实的基础。

项目目标

　　知识教学目标：通过本项目的学习，使学生了解花卉类雕刻的种类及基础知识，掌握花卉类雕刻的操作步骤和要领。

　　能力培养目标：掌握食品雕刻中各种花卉类的雕刻方法和技巧，并能够运用到实际工作当中，为全面掌握食品雕刻的制作和设计打下良好基础。

任务一　月季花

一、月季花相关知识

月季属蔷薇科，被称为"花中皇后"，又称"月月红"，是常绿、半常绿低矮灌木，可作为观赏植物，也可作为药用植物。现代月季花花型多样，有单瓣和重瓣，还有高心卷边等优美花型，其色彩艳丽、丰富，不仅有红、粉、黄、白等单色，还有混色、银边等品种，多数品种有芳香。月季花品种繁多，世界上已有近万种，中国也有千种以上。

月季花象征着和平友爱、四季平安，是非常受欢迎的通用花卉。

月季花在食品雕刻中主要有三瓣和五瓣两种类型，即三瓣月季花和五瓣月季花。

二、月季花雕刻过程

（一）雕刻工具

切刀、主刀等。

（二）雕刻原料

心里美萝卜（或胡萝卜、白萝卜、长柄南瓜等）。

（三）雕刻步骤

1. 将心里美萝卜对半切开，用刀修整成碗形，上下端各一个面，然后用刀旋去一圈废料，将坯体修成一个圆锥体。如图1、图2所示。

2. 用主刀从原料2/3高度部分下刀，刻出第一瓣花坯，然后依次刻出五瓣间距相等的花坯，底部呈正五边形。如图3~图5所示。

3. 用主刀沿着每一瓣花坯修出花瓣形状。如图6所示。

4. 用主刀顺着花瓣形状刻出第一层花瓣。刻到底部略微向里收一下，防止花瓣脱落。如图7、图8所示。

5. 用执笔握刀法拿刀，采用旋刀法把第一层两个花瓣之间的棱角修掉，呈一个光滑的弧面，再刻出花瓣形状，用旋刀法刻出花瓣。如图9~图11所示。

6. 按照此方法依次刻出第二层余下的花瓣。如图12所示。

7. 运用第二层的雕刻手法，旋刻出第三层花瓣，注意去废料的角度基本与水平面垂直（85°左右）。如图13、图14所示。

8. 刻出花苞。继续重复刻花瓣的步骤，一直往里刻，花瓣逐层向内倾斜，也就是说越往里刻，刀与原料的角度越小，花瓣之间重叠包裹。如图15所示。

9. 刻好后放入清水中浸泡片刻取出，用手轻轻捏揉花瓣的上沿，使其形成自然的翻折形态，然后再放入水中浸泡片刻即可。如图 16 所示。

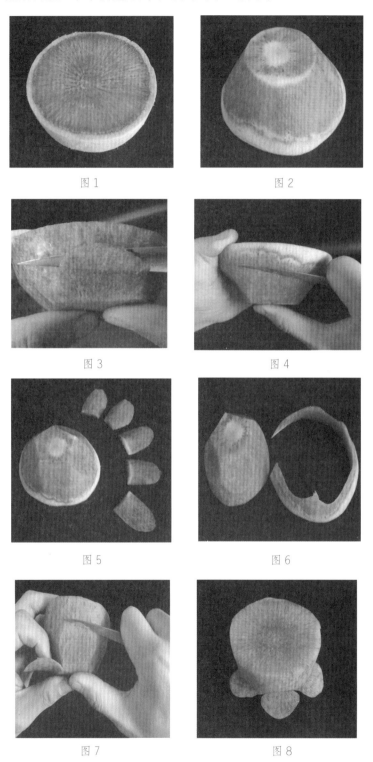

图 1　　　　　　　　　　　　图 2

图 3　　　　　　　　　　　　图 4

图 5　　　　　　　　　　　　图 6

图 7　　　　　　　　　　　　图 8

图 9

图 10

图 11

图 12

图 13

图 14

图 15

图 16

（四）技术要领

1. 雕刻刀法要熟练，要求成品花瓣边缘光滑无毛边，厚薄适中。

2. 掌握好各层花瓣的高度。外层花瓣逐渐增高，并向外绽放。最里层花瓣低于第三层花瓣，并向里包裹。

3. 去废料时刀尖要紧贴上层花瓣根部，否则废料不能去净。

4. 掌握好每一层花瓣的角度，第一层与水平面呈45°左右，第二层呈70°左右，第三层基本垂直于水平面。

5. 花瓣边缘要修圆滑且呈半圆形，做好后用手轻捏呈桃尖状，达到自然状态。

（五）知识拓展

运用其他雕刻手法，以月季花为主要表现形式，配上装饰，制作一款月季花组合雕刻。

1. 用胡萝卜和白萝卜搭配，运用雕刻手法制作两个长方形的背景墙。如图17、图18所示。

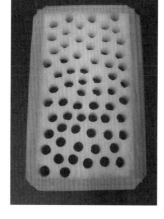

图17　　　　　　　　　　　图18

2. 运用主刀和V形戳刀，用青萝卜制作出月季花叶子和小草。如图19、图20所示。

图19　　　　　　　　　　　图20

3. 运用主刀用心里美萝卜刻出花苞，运用主刀和拉刻刀用青萝卜雕刻出枝干。如图 21、图 22 所示。

4. 运用拉刻刀用心里美萝卜雕刻出假山，将刻好的装饰物与月季花组合在一起。如图 23 所示。

图 21　　　　　　　　　　　图 22

图 23

 思考与练习

1. 影响月季花整体形态的因素有哪些？

2. 利用本节课所学月季花雕刻技法，制作出三瓣月季花。

任务二　牡丹花

一、牡丹花相关知识

牡丹是芍药科植物，为多年生落叶灌木。茎高达 2m，分枝短而粗。叶通常为二回三出复叶。花瓣为五瓣或为重瓣，玫瑰色、红紫色、粉红色至白色，通常变异很大。牡丹花素有"花中之王"的美誉。

在中国传统文化中，牡丹花有圆满、浓情、富贵、雍容华贵之意。

牡丹花在食品雕刻中比较常见，除了单独作为一种雕刻作品外，还可以与多种禽类进行组合雕刻，衬托主题。牡丹花的主要特征就是花瓣的形状，呈倒卵形，花瓣顶端呈不规则的波状，近似锯齿形，通常用 U 型戳刀和主刻刀雕刻表现出来。牡丹花的雕刻手法很多，有整雕和组合雕之分。下面我们来学习一种运用组合雕刻手法的牡丹花的制法。

二、牡丹花雕刻过程

（一）雕刻工具

切刀、主刀、V 型戳刀、拉刻刀等。

（二）雕刻原料

心里美萝卜、胡萝卜等。

（三）雕刻步骤

1. 将心里美萝卜对半切开，取一半原料从侧面用主刀修出弧度。如图 1、图 2 所示。
2. 用大号 O 型拉刻刀在原料表面拉出凹状的花瓣。如图 3、图 4 所示。
3. 用铅笔画出花瓣整体形状，用主刀刀尖沿着铅笔画的边缘刻出花瓣。如图 5、图 6 所示。
4. 用主刀将花瓣从原料上旋刻下来，用砂纸打磨光滑。如图 7、图 8 所示。
5. 将胡萝卜修成圆柱形，用 V 型戳刀从中间戳出一条线，然后将胡萝卜一端修成圆形，再用 V 型戳刀戳出线条，另一端用主刀和 V 型戳刀雕刻出花托。如图 9~图 13 所示。
6. 将胡萝卜切成碎末，用 502 胶水粘接在竹签上，做成花蕊。如图 14、图 15 所示。
7. 将做好的花蕊沿着花托四周粘好。如图 16 所示。
8. 将刻好的花瓣从里至外粘上 4 层，每层为 5 瓣。粘好后放入清水中浸泡片刻，取出即可。如图 17、图 18 所示。

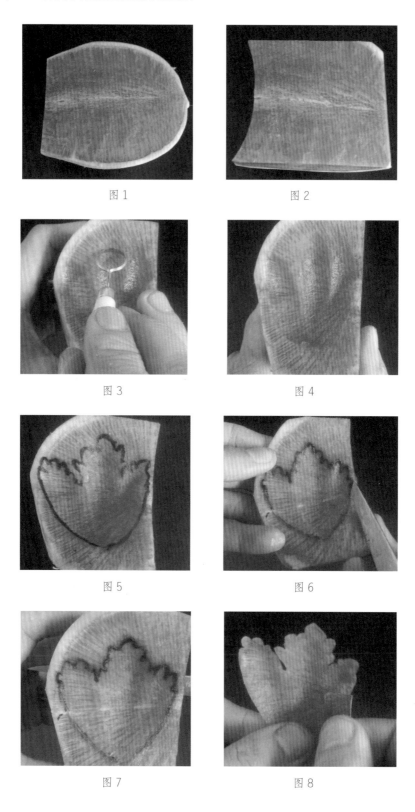

图 1　　　　　　　　　　　　图 2

图 3　　　　　　　　　　　　图 4

图 5　　　　　　　　　　　　图 6

图 7　　　　　　　　　　　　图 8

图 9　　　　　　　　　　　　　图 10

图 11　　　　　　　　　　　　　图 12

图 13　　　　　　　　　　　　　图 14

图 15　　　　　　　　　　　　　图 16

图 17

图 18

（四）技术要领

1. 雕刻刀法要熟练。用拉刻刀拉刻花瓣凹槽时，用力要均匀，保证凹槽深度一致。

2. 花瓣边缘为锯齿形，用铅笔绘画时要自然美观，不能太死板。

3. 在制作花蕊时，胡萝卜粒可多可少，往花托上粘接时要做到高低分明有层次。

4. 粘接是现代食品雕刻最为常用的方法之一。粘接就是用胶水将加工成型的原料粘在一起。在使用胶水的时候必须注意胶水要与菜肴分离。

5. 粘接花瓣时要注意层次分明，后一层花瓣在前一层两个花瓣之间，里层的花瓣要略小。

（五）知识拓展

运用其他雕刻手法，以牡丹花为主要表现形式，配上装饰，制作一款牡丹花组合雕刻。

1. 运用主刀和拉刻刀用青萝卜雕刻出叶子和小草。如图 19、图 20 所示。

图 19

图 20

2. 运用主刀和 V 型戳刀用白萝卜和胡萝卜制作院墙和假山。如图 21、图 22 所示。

3. 将刻好的叶子、院墙等与牡丹花组合在一起。如图 23 所示。

图 21

图 22

图 23

 思考与练习

1. 雕刻牡丹花要注意哪些技巧？
2. 运用整雕的手法，利用西瓜雕刻出牡丹花。

任务三　荷　花

一、荷花相关知识

荷花，又名莲花、水芙蓉等，莲属多年生水生草本花卉。地下茎长而肥厚，有长节；叶盾圆形。花期 6 到 9 月，单生于花梗顶端，花瓣多数，嵌生在花托穴内，有红、粉红、白、紫等色，或有彩纹、镶边。坚果椭圆形，种子卵形。

荷花寓意纯洁、坚贞、吉祥，常作为和平、和谐、合作、合力、团结、联合等的象征。

荷花在食品雕刻中比较常见，除了单独作为一种雕刻作品外，还可以与多种花鸟进行组合雕刻，衬托主题。荷花的主要特征就是花瓣，花瓣顶端带尖，近似呈船型，通常用主刀雕刻。荷花的雕刻手法很多，有整雕和组合雕之分。

二、荷花雕刻过程

（一）雕刻工具

切刀、主刀、弯刀、U 型戳刀、拉刻刀等。

（二）雕刻原料

心里美萝卜、胡萝卜、青萝卜。

（三）雕刻步骤

1. 将心里美萝卜对半切开，取一块原料，用主刀修出一个桃形花坯。如图 1~图 3 所示。

2. 用弯刀从花坯的顶端开始下刀，直接刻到花坯底部，一刀刻断。荷花花瓣通常共 3 层，每层 6 瓣，依次刻出 18 个花瓣。如图 4、图 5 所示。

3. 选一块新鲜的胡萝卜，修成碗型，作为荷花的花托。用小号 U 型刀戳上一圈，接着再用小号 U 型刀从原料的顶端由上至下戳上一圈。如图 6~图 8 所示。

4. 在花托顶端用小号 U 型刀戳上一圈，深度为 0.2cm，将中间余料去除。用小号 U 型刀戳出 8 个小孔，深度为 0.3cm，将孔内余料去除，放上用青萝卜雕刻的莲子。如图 9~图 11 所示。

5. 用拉刻刀拉刻出花蕊，然后将每一根花蕊的底部紧紧粘接在花托的底端。如图 12、图 13 所示。

6. 把刻好的花瓣粘接在花托的底端，每层粘接 6 个花瓣，共粘接 3 层。如图 14~图 16 所示。

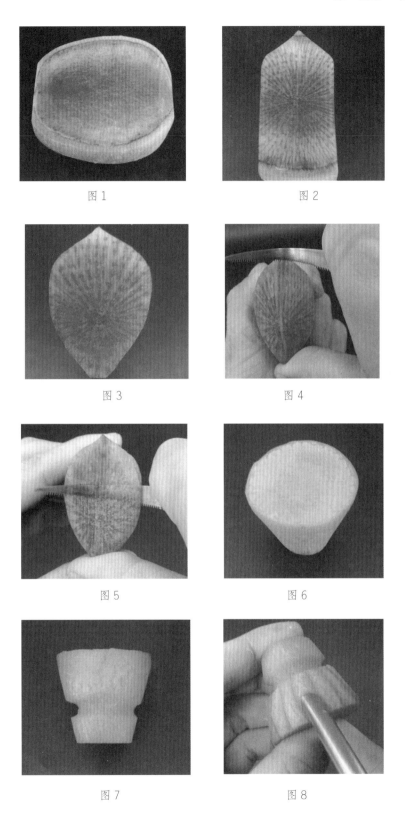

图 1

图 2

图 3

图 4

图 5

图 6

图 7

图 8

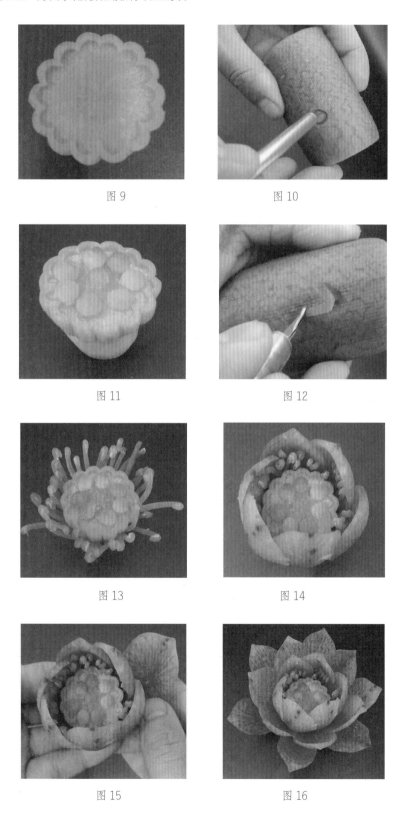

图 9

图 10

图 11

图 12

图 13

图 14

图 15

图 16

（四）技术要领

1. 雕刻刀法要熟练，要求成品花瓣边缘光滑无毛边，花瓣要薄厚均匀。

2. 掌握好花瓣、花托和花蕊的高度，花瓣从里向外逐渐降低，向外绽放。第一层花瓣要高于莲蓬与花蕊，并向里包裹。

3. 粘接花瓣时，瓣与瓣的根部要紧紧地贴在一起，不能留有缝隙。

4. 在雕刻莲子时要大小一致。莲子分布要均匀。

（五）知识拓展

运用其他雕刻手法，以荷花为主要表现形式，配上装饰，制作一款荷花组合雕刻。

1. 运用雕刻手法用青萝卜制作出荷叶和花苞。如图 17、图 18 所示。

图 17　　　　　　　　　　　　图 18

2. 选一个颜色鲜艳的心里美萝卜，运用主刀和小号 U 型戳刀，制作出莲花底座。如图 19、图 20 所示。

图 19　　　　　　　　　　　　图 20

3. 将刻好的装饰物与荷花组合在一起。如图 21 所示。

图 21

 思考与练习

1. 影响荷花整体形态的因素有哪些？
2. 利用本节课雕刻荷花的手法，分别用白萝卜、青萝卜刻出一朵荷花。

任务四　紫藤花

一、紫藤花相关知识

紫藤，别名藤萝、朱藤、黄环，是豆科、紫藤属的一种落叶攀援缠绕性大藤本植物。干皮深灰色，不裂。春季开花，青紫色蝶形花冠，花紫色或深紫色，十分美丽。紫藤在中国从南到北都有栽培。

紫藤花有紫气东来的寓意，代表吉利、长寿，还代表着缠绵的爱情。

紫藤花在食品雕刻中很少单独出现，主要与一些禽鸟类搭配在一起制作雕刻作品。

二、紫藤花雕刻过程

（一）雕刻工具

主刀、U型戳刀、拉刻刀等。

（二）雕刻原料

青萝卜（或胡萝卜、白萝卜、芋头）。

（三）雕刻步骤

1.取一块青萝卜，将其修成圆柱形，然后用U型戳刀从中心戳出一个圆窝。如图1、图2所示。

2.用O型拉刻刀沿着边缘走一圈，使圆窝加深。如图3所示。

3.用V型拉刻刀从中心拉刻出花瓣的脉络。如图4所示。

4.用主刀沿着花瓣边缘转一圈，将花瓣取下并修整光滑。如图5~图7所示。

5.另取一块原料，用铅笔画出里层花瓣形状，然后用主刀沿着铅笔画的边缘，将花瓣取下来。如图8所示。

6.将取下来的里层花瓣用主刀修整光滑。如图9、图10所示。

7.将刻好的里层花瓣用胶水粘接在外层花瓣上。如图11、图12所示。

8.另取一块原料，用主刀刻出花蒂，用胶水粘接在外层花瓣的末端。如图13、图14所示。

9.将紫色食用色素装在电动喷枪中，对刻好的紫藤花进行上色。如图15所示。

10.用缠好绿色胶布的铁丝制作成紫藤花的枝柄，将刻好的紫藤花分别粘接在每一个小的枝柄上。如图16、图17所示。

11.用青萝卜雕刻出紫藤花的叶子，将刻好的叶子粘接在用铁丝做的叶柄上，与紫藤花结合在一起绑在树枝上。如图18、图19所示。

图1

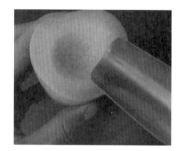

图2

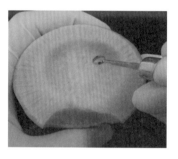

图3

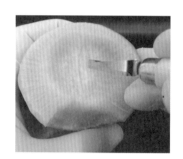

图4

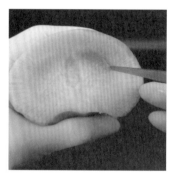

图5

图6

图7

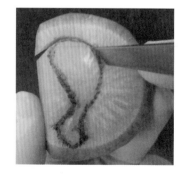

图8

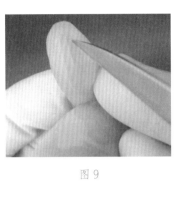

图 9

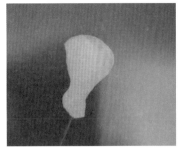

图 10

图 11

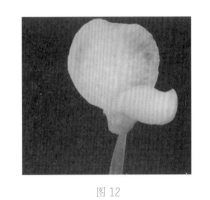

图 12

图 13

图 14

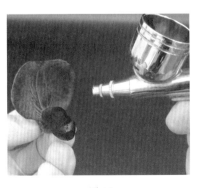

图 15

图 16

图 17

图 18

图 19

（四）技术要领

1. 雕刻刀法要熟练，要求成品花瓣边缘光滑无毛边，厚薄适中。

2. 掌握好外层花瓣的形状，花瓣中心向里凹，深度要一致。用 V 型拉刻刀拉刻花瓣脉络时要掌握好深度。

3. 雕刻里层花瓣时要掌握好大形，呈弯曲状。

4. 花蒂的大小与花瓣的根部比例要恰当，基本一样大小。

5. 上色要均匀，不能忽轻忽重，影响整体美观。

 思考与练习

1. 紫藤花在雕刻时有哪些操作要领？

2. 紫藤花与其他花卉雕刻的区别有哪些？

任务五 菊 花

一、菊花相关知识

菊花，又称寿客、金英、黄华、秋菊，是名贵的观赏花卉。菊花为多年生草本，高 60~150cm。茎直立，分枝或不分枝，被柔毛。叶互生，有短柄，叶片卵形至披针形，长 5~15cm。总苞片多层，外层绿色，条形，边缘膜质，外面被柔毛。舌状花白色、红色、紫色或黄色。

菊花是中国十大名花之一，花中四君子之一，在中国有三千多年的栽培历史。中国人极爱菊花，有重阳节赏菊和饮菊花酒的习俗。菊花被赋予了吉祥、长寿的含义，有清净、高洁的寓意。

在食品雕刻中，菊花雕刻的品种很多，如直瓣菊、龙爪菊等，雕刻手法主要有整雕和组合雕两种。

二、菊花雕刻过程

（一）雕刻工具

主刀、戳刀、拉刻刀等。

（二）雕刻原料

心里美萝卜、胡萝卜等。

（三）雕刻步骤

1. 将心里美萝卜对半切开，然后用 O 型拉刻刀拉刻去一块原料。如图 1、图 2 所示。

2. 用 O 型拉刻刀在前面下刀的位置拉刻出长短不一的菊花花瓣。如图 3~ 图 5 所示。

3. 取一块胡萝卜，用 U 型戳刀从中部戳一圈。如图 6 所示。

4. 用主刀去除废料，用细砂纸打磨光滑，再用 V 型戳刀戳出交叉十字花托。如图 7~ 图 9 所示。

5. 把刻好的菊花花瓣用 502 胶水按层次粘在花托上。如图 10~ 图 12 所示。

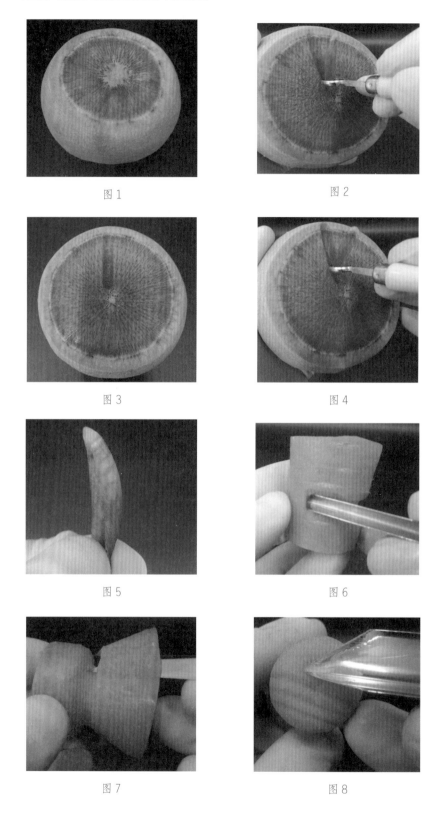

图1

图2

图3

图4

图5

图6

图7

图8

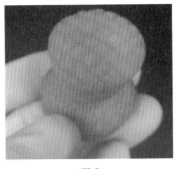

图 9

图 10

图 11

图 12

（四）技术要领

1.雕刻刀法要熟练，拉刻菊花花瓣时，用力要均匀，握刀要稳。要求成品花瓣边缘光滑无毛边。

2.雕刻菊花花瓣时，注意长短变化。

3.组装粘接花瓣时，靠近花托的花瓣应短一些，外层花瓣应长一些。

4.掌握好每一层花瓣的角度和整体花瓣之间的层次。

（五）知识拓展

运用其他雕刻手法，以菊花为主要表现形式，配上装饰，制作一款菊花组合雕刻。

1.运用主刀用胡萝卜雕刻制作花瓶的花环。如图13、图14所示。

图 13

图 14

2. 采用主刀分别用胡萝卜和青萝卜雕刻制作出花瓶的点缀物和菊花的叶子。如图 15、图 16 所示。

图 15

图 16

3. 将刻好的装饰物与菊花组合在一起。如图 17 所示。

图 17

 思考与练习

1. 组合雕刻菊花与整雕菊花各有什么特点？

2. 组合雕刻菊花要注意哪些操作技巧？

任务六 梅 花

一、梅花相关知识

梅，又称春梅、千枝梅、红梅、乌梅。花单生或有时 2 朵同生于 1 芽内，直径 2~2.5cm，香味浓，先于叶开放；花梗短，长约 1~3mm，常无毛；花萼通常红褐色，但有些品种的花萼为绿色或绿紫色；萼筒宽钟形，无毛或有时被短柔毛；萼片卵形或近圆形，先端圆钝；花瓣倒卵形，白色至粉红色；雄蕊短或稍长于花瓣；子房密被柔毛，花柱短或稍长于雄蕊。

梅花是中国十大名花之首，与兰花、竹子、菊花一起列为"四君子"，与松、竹并称为"岁寒三友"。梅花独天下而春，作为传春报喜、吉庆的象征，从古至今一直被中国人视为吉祥之物。梅开五瓣，象征五福，即快乐、幸福、长寿、顺利与和平。

梅花在食品雕刻中通常有整雕和组合雕两种雕刻手法，整雕梅花速度快，但成品效果不如组合雕刻形象。

二、梅花雕刻过程

（一）雕刻工具

主刀、V 型戳刀、拉刻刀等。

（二）雕刻原料

心里美萝卜、胡萝卜、青萝卜等。

（三）雕刻步骤

1.将心里美萝卜对半切开，然后用 O 型拉刻刀拉刻去一圈废料。如图 1、图 2 所示。

2.用 O 型拉刻刀在有弧形的位置拉刻出长度均等的梅花花瓣。如图 3、图 4 所示。

3.取一块胡萝卜，用 V 型刀戳一圈废料。如图 5、图 6 所示。

4.用主刀去除废料，刻出花柱，用细砂纸打磨光滑。如图 7 所示。

5.取一块青萝卜，用 V 型刀戳出梅花花蕊，并粘接在梅花的花柱上。如图 8、图 9 所示。

6.依次把刻好的梅花花瓣用 502 胶水粘在梅花的花柱上。如图 10~ 图 12 所示。

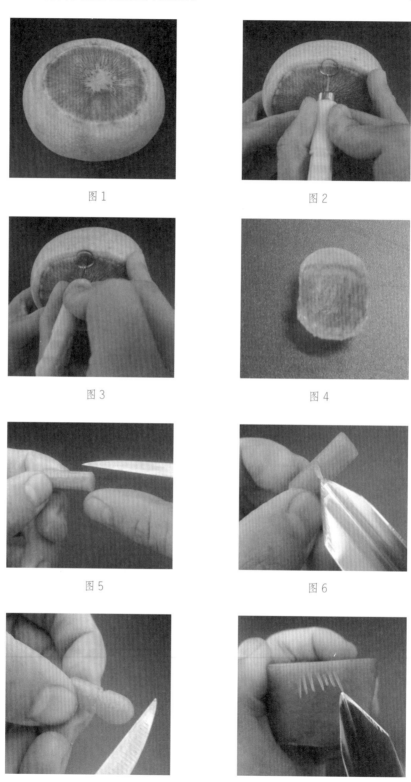

图 1   图 2

图 3   图 4

图 5   图 6

图 7   图 8

图 9

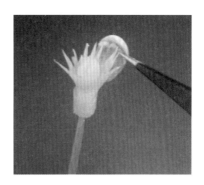

图 10

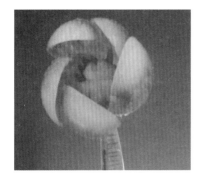

图 11

图 12

（四）技术要领

1.雕刻刀法要熟练，拉刻梅花花瓣时，用力要均匀，握刀要稳。要求成品花瓣边缘光滑无毛边。

2.花瓣形状要自然美观，厚薄适中，大小合适。

3.梅花整体要完整，层次分明，造型美观。

（五）知识拓展

利用蜡油，以梅花为主要表现形式，配上树枝，制作一款梅花组合雕刻。

1.取两根蜡烛，去掉蜡芯。如图 13、图 14 所示。

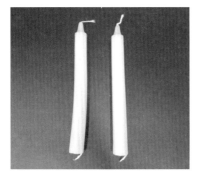

图 13

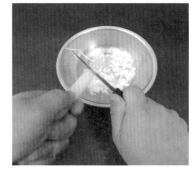

图 14

2.取一电磁炉，倒入蜡烛，加热至液态，温度降低后淋在树枝上。如图15、图16所示。

图15

图16

3.将做好的装饰物与梅花组合在一起。如图17所示。

图17

 思考与练习

1.雕刻梅花的要领有哪些？
2.利用其他原料雕刻梅花。

任务七　水仙花

一、水仙花相关知识

水仙，又名中国水仙，是多花水仙的一个变种，石蒜科多年生草本植物。水仙的叶由鳞茎顶端绿白色筒状鞘中抽出花茎（俗称箭），再由叶片中抽出。一般每个鳞茎可抽花茎1~2枝，多者可达8~11枝，伞状花序。单瓣水仙花瓣多为6片，白色。花萼黄色，中间有金色的副冠，形如盏状。鳞茎卵状至广卵状球形，外被棕褐色皮膜。叶狭长带状。春季开花。

水仙花芬芳清新，素洁幽雅，超凡脱俗。因此，人们自古以来就将其与兰花、菊花、菖蒲并列为花中"四雅"；又将其与梅花、山茶花、迎春花并列为雪中"四友"。只要一碟清水、几粒卵石，置于案头窗台，水仙花就能在万花凋零的寒冬腊月展翠吐芳。人们常用它庆贺新年，象征着团圆；作"岁朝清供"的年花，代表着万事如意、吉祥、美好、纯洁、高尚。

水仙花在食品雕刻中主要以盆景的形式体现出来，利用组合雕刻的手法进行制作。

二、水仙花雕刻过程

（一）雕刻工具

主刀、U型戳刀、拉刻刀等。

（二）雕刻原料

青萝卜、南瓜等。

（三）雕刻步骤

1. 取一块青萝卜，在青萝卜白色部分用大号O型拉刻刀拉出两道凹槽。如图1~图3所示。

2. 用铅笔画出花瓣整体形状，用拉刻刀分别在两个凹槽之间拉出花瓣纹路，再用主刀取下。如图4~图6所示。

3. 取一块南瓜，用U型戳刀戳出五瓣花冠，再用主刀将花冠取下，修整光滑。如图7、图8所示。

4. 另取一块南瓜，用拉刻刀拉出花蕊，之后用胶水粘接在五瓣花冠中间。如图9~图12所示。

5. 将做好的花瓣粘接在花托上，每层三瓣共两层。如图13、图14所示。

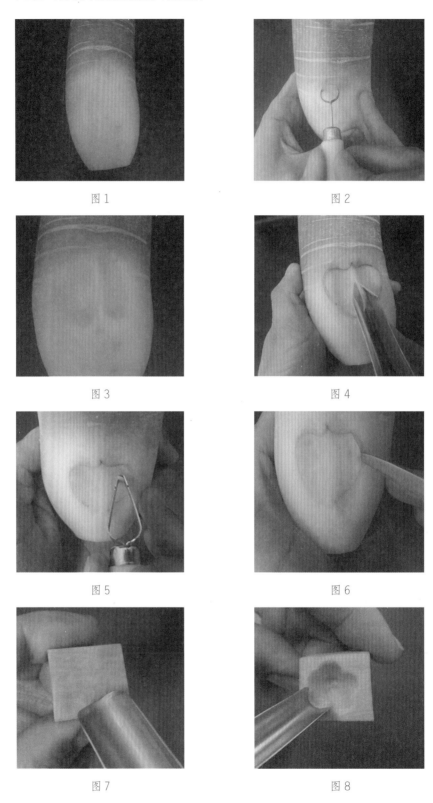

图1

图2

图3

图4

图5

图6

图7

图8

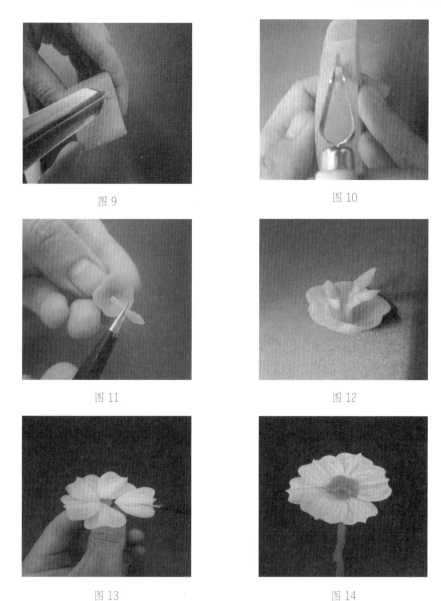

图 9

图 10

图 11

图 12

图 13

图 14

（四）技术要领

1.雕刻刀法要熟练，用拉刻刀拉刻花瓣凹槽时，用力要均匀，保证凹槽深度一致。

2.用拉刻刀拉刻花瓣脉络时，不可过深，否则容易将花瓣刻透，影响整体美观。

3.在制作花蕊时，选用两种原料制作，这样会使颜色分明，更加形象。花蕊粘接好后，要用主刀稍加修整。

4.粘接花瓣时要注意层次分明、间距一致，第二层的花瓣粘在第一层两个花瓣之间。

（五）知识拓展

运用其他雕刻手法，以水仙花为主要表现形式，制作一款水仙花组合雕刻。

1.运用主刀和拉刻刀用青萝卜雕刻出水仙花叶子和花茎。如图15、图16所示。

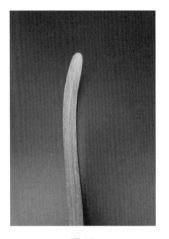

图15   图16

2.运用主刀和V型戳刀制作出花托，并将叶子粘接在花茎上。如图17、图18所示。

图17   图18

3.将叶子均匀粘在花茎的两侧。用白萝卜刻出水仙的球茎，用酱油抹在球茎鳞片的边缘上。如图19、图20所示。

4.将刻好的水仙花粘接在花托上。将花茎插入球茎中，放入盛器，再点缀上嫩芽和根须。如图21所示。

图 19

图 20

图 21

 思考与练习

1. 在雕刻水仙花时有哪些技巧和要领?
2. 课下查找水仙花的相关资料,制作出其他造型的水仙花。

任务八　竹　子

一、竹子相关知识

竹子，又名竹。多年生禾本科竹亚科植物，在热带、亚热带地区，东亚、东南亚和印度洋及太平洋岛屿上分布最集中。竹子种类很多，有的低矮似草，有的高如大树，生长迅速。竹的地上茎木质而中空，是从竹的地下茎成簇状生长出来的。通常通过地下匍匐的根茎成片生长，也可以通过开花结籽繁衍。

竹，秀逸有神韵，纤细柔美，长青不败，象征青春永驻；竹子潇洒挺拔、清丽俊逸，象征翩翩君子风度，虚心能自持；竹的特质弯而不折，折而不断，象征柔中有刚的做人原则；竹节必露，竹梢拔高，比喻高风亮节。

竹子在食品雕刻中是比较常见的一种植物，除了单独作为一种雕刻作品外，还可以与多种花鸟进行组合雕刻，衬托主题。

二、竹子雕刻过程

（一）雕刻工具

主刀、V 型戳刀、拉刻刀等。

（二）雕刻原料

青萝卜（或长柄南瓜）。

（三）雕刻步骤

1.选一根新鲜的青萝卜，用大号 O 型拉刻刀刻出竹干。如图 1、图 2 所示。

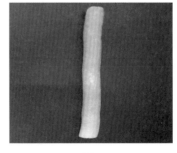

图 1　　　　　　　　　　　　　　图 2

2.用 V 型戳刀在竹干上每隔一段距离戳上一圈，刻出竹节。如图 3 所示。

3.用主刀去除多余原料，将竹节凸显出来。如图 4、图 5 所示。

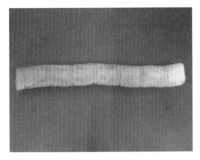
图 3

图 4

图 5

（四）技术要领

1. 雕刻刀法要熟练，用 V 型戳刀刻竹子的竹节时，用力要均匀，走刀时不可左右倾斜，保证凹槽深度一致。

2. 用大号 O 型拉刻刀刻竹干时，要垂直向下拉刻，不可左右摇摆、断断续续，否则刻出的竹干不直而且会有刀痕。

（五）知识拓展

运用其他雕刻手法，以竹子为主要表现形式，配上装饰，制作一款竹子组合雕刻。

1. 运用主刀和戳刀用青萝卜雕刻出竹叶和分枝。如图 6、图 7 所示。

图 6

图 7

2. 用白萝卜和红辣椒雕刻出小蘑菇，用青萝卜雕刻出竹笋。如图 8、图 9 所示。

图 8　　　　　　　　　　　　　　图 9

3. 将刻好的小草、竹笋、蘑菇、竹叶组合在一起。如图 10 所示。

图 10

 思考与练习

1. 雕刻竹子有哪些技巧？

2. 运用所学竹子的雕刻手法，与花卉进行组合，制作出一个作品。

项目三　草虫类雕刻

 项目导学

　　草虫广受人们的喜爱，所以草虫在食品雕刻中是一个常见品种。不过草虫大多不作为雕刻主体出现，更多的是被作为点缀出现在雕刻作品中。它们有的鲜艳夺目，有的小巧灵动，但都能使雕刻作品更具动态与美感。在雕刻草虫之前，先要掌握其形态特征，包括头部、胸部、腹部以及足翅，然后再按照雕刻方法、步骤练习。

 项目目标

　　知识教学目标：通过本项目的学习，使学生了解草虫类雕刻的种类及基础知识，掌握草虫类雕刻的操作步骤和要领。

　　能力培养目标：掌握食品雕刻中草虫类的雕刻方法和技巧，结合所学内容在实际运用中进行正确操作，并制作出精美的雕刻作品，达到操作技术要求。

任务一 蜻 蜓

一、蜻蜓相关知识

蜻蜓分蜻科和蜓科。一般体型较大，翅长而窄，膜质，网状翅脉极为清晰。视觉极为灵敏，单眼3个；触角1对，细而较短；咀嚼式口器。腹部细长，扁形或呈圆筒形。足细而弱，上有钩刺，可在空中飞行时捕捉害虫。幼虫在水中发育，一般要经11次以上蜕皮，要两年或两年以上才沿水草爬出水面，再经最后蜕皮羽化为成虫。

蜻蜓在食品雕刻中主要与一些植物进行搭配，起到画龙点睛的作用，比如与荷叶、荷花组合雕刻在一起，做成一组荷塘的景色。正如诗中所写"小荷才露尖尖角，早有蜻蜓立上头"。

二、蜻蜓雕刻过程

（一）雕刻工具

主刀、拉刻刀、V型戳刀等。

（二）雕刻原料

心里美萝卜、青萝卜（或胡萝卜、南瓜等）。

（三）雕刻步骤

1.取一块心里美萝卜，将萝卜皮部分一端修圆滑，然后用铅笔画出蜻蜓眼睛轮廓。如图1、图2所示。

2.用V型拉刻刀拉刻出眼睛轮廓，再用小号O型拉刻刀顺着刚才的纹路走一遍，使刀痕变得光滑。如图3所示。

3.用铅笔画出蜻蜓大形，用主刀将大形取下来，再顺着大形边缘修刻光滑。如图4~图7所示。

4.用铅笔画出蜻蜓口部，再用V型戳刀戳出形状，并戳出额头唇肌。如图8、图9所示。

5.用V型戳刀戳出尾部腹节，尾部最后部分用主刀刻出。如图10~图12所示。

6.另取一块心里美萝卜，粘接上一块青萝卜皮，然后用铅笔画出翅膀大形。如图13所示。

7.用主刀沿着铅笔画的纹路，去除多余原料，再将翅膀取下。按照此方法依次作出4只翅膀。如图14、图15所示。

8.用铅笔画出蜻蜓足部大形，用主刀依次刻出3对足。如图16、图17所示。

9. 将刻好的足和翅膀，用胶水粘接在蜻蜓身体上。如图 18~图 20 所示。

10. 用青萝卜刻出荷叶的形状，把刻好的蜻蜓放在荷叶上。如图 21 所示。

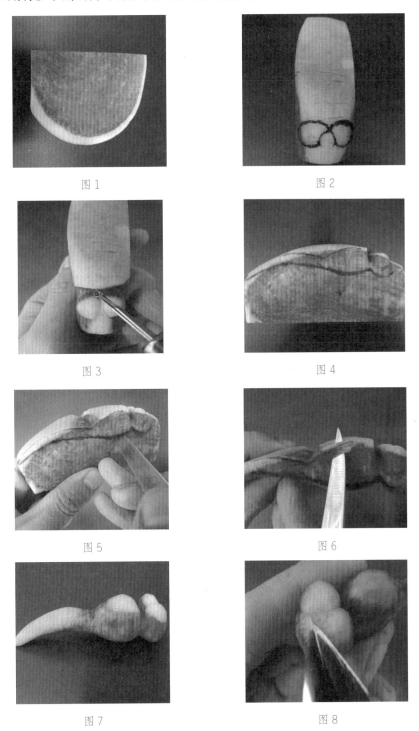

图 1

图 2

图 3

图 4

图 5

图 6

图 7

图 8

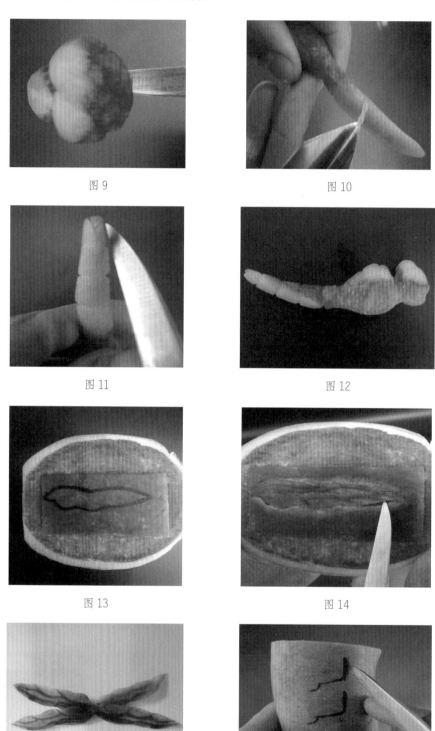

图 9

图 10

图 11

图 12

图 13

图 14

图 15

图 16

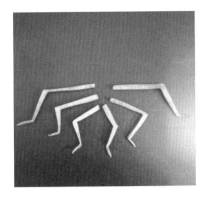

图 17

图 18

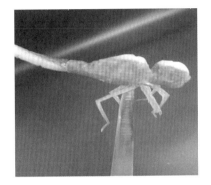

图 19

图 20

图 21

（四）技术要领

1. 雕刻刀法要熟练，要求成品整体完整，各个部位比例协调。

2. 雕刻翅膀时下刀不要太深，留住青萝卜部分，将颜色区分开。

3. 雕刻足部时，将关节细节刻出，掌握好足部的长短。

4. 在粘接翅膀和足时，注意胶水不要漏出，以免影响整体美观。

 **思考与练习**

1. 蜻蜓的形态特征主要有哪些？雕刻时要注意哪些问题？

2. 制作一组蜻蜓与荷花的组合雕刻。

任务二 螳 螂

一、螳螂相关知识

螳螂，又称刀螂，是一种中至大型昆虫。头呈三角形且活动自如，复眼突出、大而明亮，触角细长，颈部可自由转动。前足腿节和胫节有利刺，胫节镰刀状，常向腿节折叠；前翅皮质，为覆翅，缺前缘域；后翅膜质；臀域发达，扇状，休息时叠于背上；腹部肥大。螳螂的身体外表颜色有绿色、褐色等之分，生长环境也不相同。绿色的螳螂大多生活在绿色树木或植物上，捕食一些小昆虫之类。

螳螂在食品雕刻中多与一些果蔬类雕刻作品组合在一起，或与一些禽鸟类组合，能使整个作品变得更加活灵活现。

二、螳螂雕刻过程

（一）雕刻工具

主刀、拉刻刀、V型戳刀等。

（二）雕刻原料

心里美萝卜、青萝卜。

（三）雕刻步骤

1. 选用一块新鲜的心里美萝卜作为主料。如图1所示。

2. 用拉刻刀将螳螂的头部划出，接着用水溶型铅笔画出眼睛的部位，用V型戳刀戳一圈，再用主刀将眼睛修圆，让螳螂的眼睛更生动。如图2~图4所示。

3. 用主刀雕刻出螳螂的牙齿和腭须。如图5所示。

4. 在心里美的绿皮部分用铅笔画出螳螂背部大形，再用主刀沿着铅笔画的线条将多余原料去除。如图6、图7所示。

5. 用铅笔画出螳螂腹部线条，用主刀沿着线条去除多余原料。如图8、图9所示。

6. 用拉刻刀和V型戳刀划出螳螂背部和颈部的纹路，接着取之前剩余的一半心里美萝卜将刻好的背板粘接上。如图10~图12所示。

7. 用铅笔画出螳螂的腹部大形，用主刀将其多余的原料去除并修整光滑。如图13~图15所示。

8. 用主刀刻出螳螂的前足、中足及后足。如图16、图17所示。

9. 用主刀雕刻出螳螂的前翅、后翅大形，并用拉刻刀划出翅膀的细节纹路。如图18、图19所示。

10. 将螳螂的每个部位组装上。如图20所示。

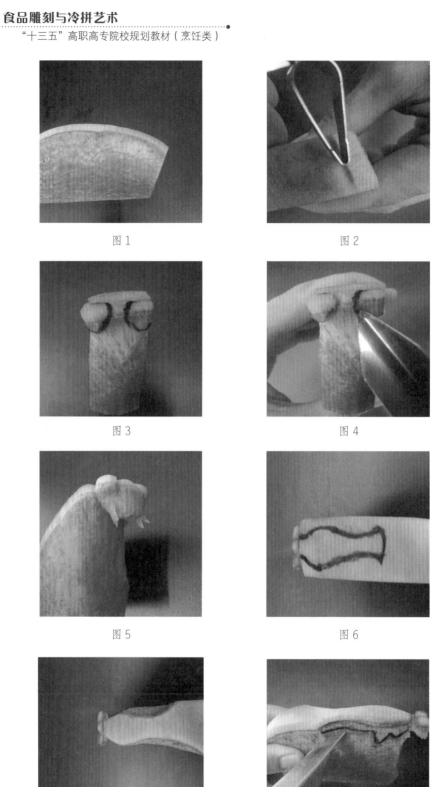

图 1

图 2

图 3

图 4

图 5

图 6

图 7

图 8

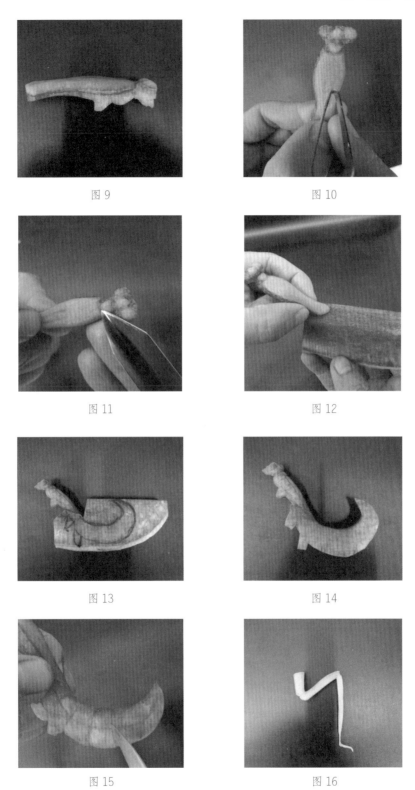

图 9

图 10

图 11

图 12

图 13

图 14

图 15

图 16

图 17

图 18

图 19

图 20

（四）技术要领

1.雕刻刀法要熟练，要求成品完整，各个部位边缘光滑，无毛边，刀痕少。

2.掌握螳螂各个部位的比例大小，形态要协调、自然。

3.螳螂的翅膀是半张开的，所以雕刻翅膀时要略微宽一些。

（五）知识拓展

运用其他雕刻手法，以螳螂为主要表现形式，配上装饰，制作一款螳螂组合雕刻。

1.选用青萝卜为原料，雕刻出南瓜的大形，再用青萝卜雕刻出南瓜的叶子。如图 21、图 22 所示。

图 21

图 22

2. 用主刀雕刻出南瓜的枝子，用胶水将枝子和叶子粘接在南瓜上，形态要自然。如图 23、图 24 所示。

图 23

图 24

3. 把刻好的螳螂放在南瓜上，点缀上雕刻好的辣椒。如图 25 所示。

图 25

 思考与练习

1. 雕刻螳螂时要注意哪些问题？
2. 制作出一组螳螂与葫芦的组合雕刻。

任务三　蝴　蝶

一、蝴蝶的相关知识

蝶，通称为"蝴蝶"，全世界大约有 14000 余种，大部分分布在美洲，尤其在亚马逊河流域品种最多，在世界其他地区除了南北极寒冷地带以外都有分布。蝴蝶身体分为头、胸、腹；2 对翅，3 对足。在头部有一对锤状的触角，触角端部加粗。翅宽大，停歇时翅竖立于背上。体和翅被扁平的鳞状毛。腹部瘦长。

蝴蝶是美丽的昆虫，被人们誉为"会飞的花朵"。蝴蝶是幸福、爱情的象征。

在食品雕刻中，蝴蝶通常以两只出现在作品当中，寓意美满的爱情或是和谐、自由的生活。

二、蝴蝶雕刻过程

（一）雕刻工具

主刀、拉刻刀、V 型戳刀、U 型戳刀等。

（二）雕刻原料

心里美萝卜、胡萝卜、青萝卜等。

（三）雕刻步骤

1. 取一根新鲜的胡萝卜，作为雕刻蝴蝶身子的主要原料。如图 1 所示。
2. 用铅笔画出蝴蝶头部与腹部的分界线，用拉刻刀划出纹路。如图 2、图 3 所示。
3. 用铅笔画出蝴蝶眼睛的部位，用拉刻刀刻出蝴蝶的眼睛，并用主刀将其棱角修光滑。如图 4~图 6 所示。
4. 用铅笔画出蝴蝶身体背部、腹部的大形，并将其修光滑。如图 7、图 8 所示。
5. 用拉刻刀划出蝴蝶胸部肌肉与足部的连接部位。如图 9 所示。
6. 用主刀刻出蝴蝶腹部的关节。如图 10、图 11 所示。
7. 选用一块新鲜的青萝卜，用主刀刻出蝴蝶足部。如图 12 所示。
8. 选用一块心里美萝卜，用主刀修成一个弧形，粘接上一片青萝卜皮，用铅笔画出蝴蝶前翅的大形。如图 13 所示。
9. 用主刀将多余的原料去除，再用 V 型戳刀戳出蝴蝶前翅的纹路。选用一块青萝卜，将其片成薄片，刻出蝴蝶翅膀的纹路，粘接在前翅上。如图 14 所示。
10. 用小号 U 型戳刀戳出前翅的花斑，用红辣椒、胡萝卜搭配上颜色。如图 15、图 16 所示。

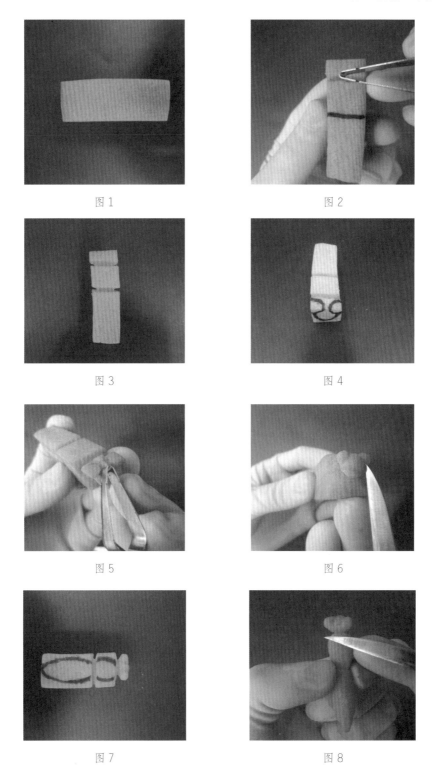

图 1　　　　　　　　　　　图 2

图 3　　　　　　　　　　　图 4

图 5　　　　　　　　　　　图 6

图 7　　　　　　　　　　　图 8

图 9

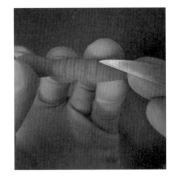

图 10

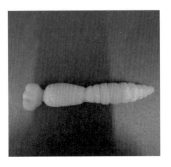

图 11

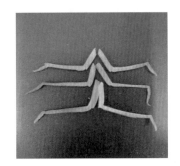

图 12

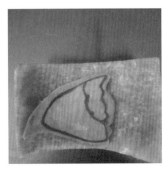

图 13

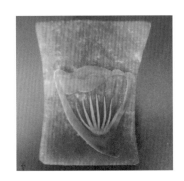

图 14

图 15

图 16

11. 用同样的方法刻出蝴蝶的后翅。依次刻出两对翅膀。如图 17 所示。
12. 将刻好的翅膀、足粘接在蝴蝶的身体上。如图 18 所示。

图 17　　　　　　　　　　　　图 18

（四）技术要领

1. 雕刻刀法要熟练，要求成品边缘光滑、大小适中。
2. 掌握好蝴蝶整体的对称性，整体形象要生动、自然。蝴蝶头部、眼睛等各部位的比例要合适。
3. 在粘接蝴蝶翅膀时，注意胶水不要外漏，以免影响美观。

（五）知识拓展

运用其他雕刻手法，以蝴蝶为主要表现形式，配上装饰，制作一款蝴蝶组合雕刻。
1. 用长柄南瓜刻出蝴蝶兰的花瓣，用心里美萝卜刻出蝴蝶兰的唇瓣。用青萝卜雕刻出蝴蝶兰的叶子。如图 19、图 20 所示。

图 19　　　　　　　　　　　　图 20

2. 用白萝卜等原料雕刻出一个梅兰竹菊的花瓶造型，再雕刻出另一只蝴蝶。如图 21、图 22 所示。
3. 将刻好的各种装饰与蝴蝶组装在一起。如图 23 所示。

图 21

图 22

图 23

 思考与练习

1.影响蝴蝶整体形态的因素有哪些?

2.利用本节课所学蝴蝶的雕刻技法，制作出另一款蝴蝶组合雕刻。

任务四　蝈　蝈

一、蝈蝈相关知识

蝈蝈是螽斯科昆虫，主要分布于我国河北、河南等地。雄虫体长 35~41mm，雌虫体长 40~50mm。全身鲜绿或黄绿色。头大、颜面近平直；触角褐色，丝状，长度超过身体；复眼椭圆形。前胸背板发达，盖住中、后胸，呈盾形。前翅各脉褐色。雄虫翅短，具发音器；雌虫只具有翅芽，腹末有马刀形产卵管，长约为前胸背板的 2.5 倍。前足腔节基部具听器，3 对足的腿节下缘具黑色短刺并呈锯齿状。后足发达，善跳跃，腿节上常有褐色纵走晕纹。

蝈蝈在食品雕刻中主要与一些植物、农作物进行搭配，比如与玉米、树叶组合雕刻在一起，使得整个作品更加细腻、出神入化，令人赏心悦目。

二、蝈蝈雕刻过程

（一）雕刻工具

主刀、拉刻刀、V 型戳刀等。

（二）雕刻原料

青萝卜。

（三）雕刻步骤

1. 取一根青萝卜，将其修成长方形。如图 1 所示。
2. 用铅笔画出蝈蝈的头部。如图 2 所示。
3. 用 V 型戳刀戳出蝈蝈的头部以及背板。如图 3、图 4 所示。
4. 用主刀将多余的棱角修除，将其修圆滑。如图 5、图 6 所示。
5. 用铅笔画出蝈蝈的颈部，用主刀将其刻出。如图 7 所示。
6. 用铅笔画出蝈蝈的翅膀，用 V 型拉刻刀拉刻出翅膀大形，再用主刀修圆润。如图 8~图 10 所示。
7. 用铅笔画出蝈蝈的身体大形，用主刀将多余的废料去除，边缘处修光滑。如图 11~图 13 所示。
8. 用 V 型戳刀戳出蝈蝈背部与胸部的股线。如图 14 所示。
9. 用主刀刻出蝈蝈腹部的腹节，一般 7~8 节。如图 15、图 16 所示。
10. 用主刀刻出蝈蝈的前足、中足和后足，并将其粘接在蝈蝈身体上。如图 17、图 18 所示。

图 1

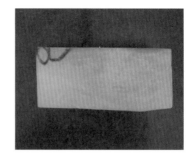

图 2

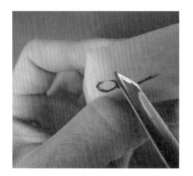

图 3

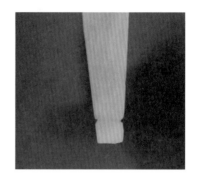

图 4

图 5

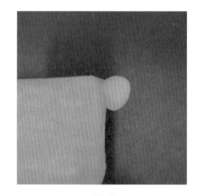

图 6

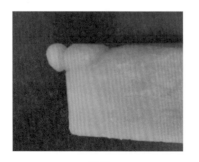

图 7

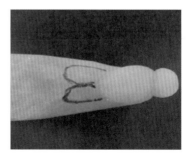

图 8

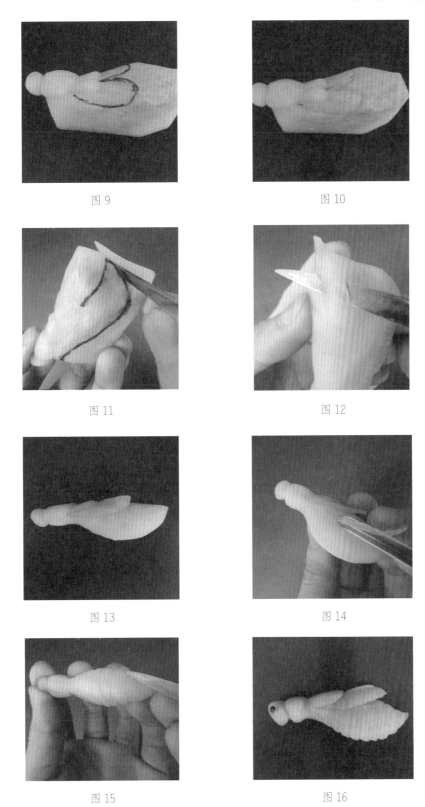

图 9

图 10

图 11

图 12

图 13

图 14

图 15

图 16

图 17

图 18

（四）技术要领

1.雕刻刀法要熟练，要求成品整体完整，各个部位比例协调。

2.雕刻足部时，将关节细节刻出，掌握好足部的长短。

3.在粘接时，注意胶水不要漏出，以免影响整体美观。

（五）知识拓展

运用其他雕刻手法，以蝈蝈为主要表现形式，配上装饰，制作一款蝈蝈、玉米组合雕刻。

1.选用青萝卜和胡萝卜为原料，雕刻出玉米的造型。如图 19 所示。

2.把刻好的蝈蝈放在玉米上。如图 20 所示。

图 19

图 20

 思考与练习

1.蝈蝈的形态特征主要有哪些？雕刻时要注意哪些问题？

2.雕刻一款蝈蝈的盘饰作品。

任务五　蝉

一、蝉相关知识

蝉是一种半翅目昆虫，俗称知了。体长 2~5cm，有两对膜翅；复眼突出，单眼 3 个。翅膀基部黑褐色。夏天在树上叫声响亮，用针刺口器吸取树汁，对树木有害。蝉蜕下的壳可以做药材。

蝉在中国古代象征复活和永生，这个象征意义来自它的生命周期，它最初为幼虫，后来成为蝉蛹，最后变成飞虫。由于古代人们认为蝉以露水为生，因此，它又是纯洁的象征。

二、蝉雕刻过程

（一）雕刻工具

主刀、V 型戳刀等。

（二）雕刻原料

青萝卜、彩椒。

（三）雕刻步骤

1.取一块新鲜的青萝卜作为主料。如图 1 所示。

2.用铅笔画出蝉身体的大形，用主刀将大形取下来，再顺着大形边缘修刻光滑。如图 2、图 3 所示。

3.用主刀、V 型戳刀戳出蝉的眼部、头部、颈部。如图 4、图 5 所示。

4.用主刀刻出蝉腹部的腹节，用铅笔画出背部的纹路，顺着画出的纹路，用 V 型戳刀戳出。如图 6、图 7 所示。

5.将红、黄彩椒切成细丝，贴在腹部的纹路上。如图 8 所示。

6.用铅笔画出翅膀大形纹路，用主刀沿着纹路去除多余原料，再将翅膀取下。按照此方法依次作出 2 只翅膀，并将其粘接在蝉身体的两侧。如图 9、图 10 所示。

7.用主刀依次刻出蝉的前足、中足、后足，并将其粘接在蝉的身体上。如图 11、图 12 所示。

8.将刻好的蝉放在白菜底座上。如图 13 所示。

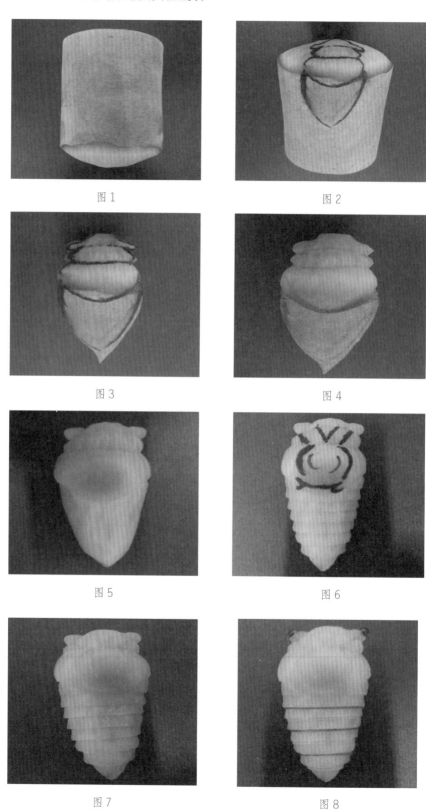

图1

图2

图3

图4

图5

图6

图7

图8

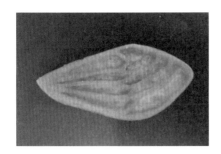

图 9

图 10

图 11

图 12

图 13

（四）技术要领

1. 雕刻刀法要熟练，要求成品整体完整，各个部位比例要协调。
2. 雕刻翅膀时下刀不要太深。
3. 雕刻足部时，将关节细节刻出，掌握好前足、中足、后足的长短。

 思考与练习

1. 雕刻蝉时要注意哪些问题？
2. 利用本节课所学蝉的雕刻技法，制作出一款盘饰。

项目四　水产类雕刻

项目导学

在食品雕刻中，水产类的雕刻作品很多，其中常见的雕刻品种有鲤鱼、河虾、龙虾、螃蟹等。有一些品种的雕刻技法简单快捷，如虾、热带鱼等，它们多用于烹饪菜点的装饰，如热菜"油焖大虾"，可以在菜肴旁边雕刻以虾为主题的小盘饰，起到锦上添花的作用；有一些品种雕刻技法比较细腻，可以用于一些宴会的雕刻展台，如升学宴以鲤鱼为主题，雕刻一组"鲤鱼跃龙门"的作品，能起到烘托宴会气氛的作用。雕刻时，要把每个品种的基本特征表现出来，并注意衬托物的搭配，力求特征突出、形态逼真。

项目目标

知识教学目标：通过本项目的学习，使学生熟悉水产类雕刻的种类及基础知识，掌握水产类雕刻的操作步骤和要领。

能力培养目标：掌握食品雕刻中水产类的雕刻方法和技巧，积累雕刻经验，并能够举一反三地制作出同类雕刻作品。

任务一　神仙鱼

一、神仙鱼相关知识

神仙鱼，也叫天使鱼。神仙鱼的体型呈菱形，而且比较偏向扁形。鱼尾鳍的后面边缘是平平直直的，而且它的鳍都是向后面延长的，上下都非常工整对称，好像张开的船帆一样。神仙鱼的腹鳍特别长，形状是丝条状的。如果从侧面看的话，就好像燕子在空中翱翔一样，所以又叫燕鱼。神仙鱼原产南美洲的圭亚那、巴西。

神仙鱼体态高雅、潇洒娴静，游姿俊俏优美，色彩艳丽，被誉为"热带鱼皇后"，受到人们的喜爱。

在食品雕刻中，由于神仙鱼雕刻比较快捷，故多用于盘饰当中。也可以与其他海洋鱼类组合搭配，制作组合雕刻。

二、神仙鱼雕刻过程

（一）雕刻工具

主刀、U 型戳刀、拉刻刀等。

（二）雕刻原料

长柄南瓜（或胡萝卜、心里美萝卜、青萝卜等）。

（三）雕刻步骤

1.取一块长柄南瓜作为主料，在上面用铅笔画出神仙鱼的大形。如图 1 所示。

2.用主刀沿着用铅笔画的线条，将神仙鱼的大形修出来。如图 2 所示。

3.用主刀和 U 型戳刀修去鱼鳍部分多余原料，再刻出神仙鱼的嘴部、鱼鳃。如图 3、图 4 所示。

4.用拉刻刀拉刻出鱼鳍纹路，用主刀刻出神仙鱼身上的鳞片。如图 5、图 6 所示。

5.另取一小块南瓜，刻出神仙鱼的胸鳍和飘带，用胶水粘接在神仙鱼鳃盖后边。如图 7~ 图 9 所示。

6.将神仙鱼的表面用喷枪喷上白色，头部和背部除外。如图 10 所示。

7.用毛笔蘸黑色色素涂在神仙鱼的表面，作出花纹，作品完成。如图 11、图 12 所示。

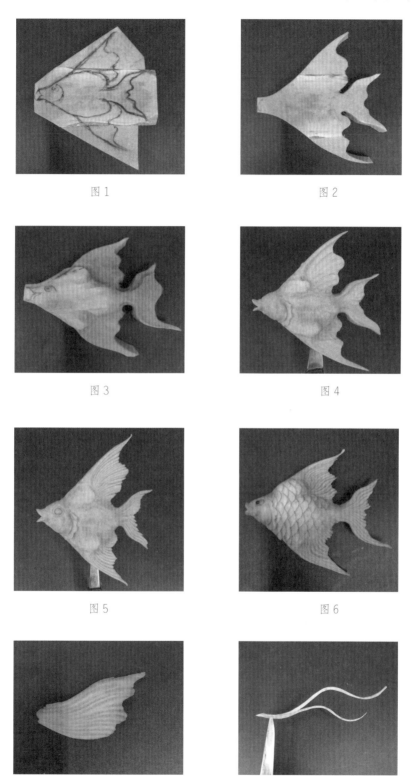

图 1　　　　　　　　　　　　图 2

图 3　　　　　　　　　　　　图 4

图 5　　　　　　　　　　　　图 6

图 7　　　　　　　　　　　　图 8

图 9

图 10

图 11

图 12

（四）技术要领

1.雕刻刀法要熟练，要求神仙鱼成品的边缘光滑无毛边，鱼的身体比例合适。

2.掌握好神仙鱼背鳍、臀鳍和尾鳍的大小和形状，上下要对称。

3.雕刻神仙鱼的大形时可以将其看成是个三角形。

4.在雕刻神仙鱼的鳞片的时候也要大小适中。雕刻飘带的时候可以将其刻得长一点，这样会使成品效果更佳。

5.在划鱼鳍上面的纹路时，不要划得太密集，也不要太宽，形态要自然。

（五）知识拓展

运用其他雕刻手法，以神仙鱼为主要表现形式，配上装饰，制作一款神仙鱼组合雕刻。

1.用两个心里美萝卜粘接在一起，雕刻出一个葫芦的形状。用胡萝卜刻出福禄二字，用青萝卜制作花边，使其更加美观。如图 13、图 14 所示。

2.用胡萝卜雕刻出飘带的形状，粘接在刻好的葫芦的中间部位，放在用白萝卜雕刻的底座上。用青萝卜雕刻出浪花的形状，粘接在葫芦口处。如图 15、图 16 所示。

3.将刻好的神仙鱼组装在底座上。如图 17 所示。

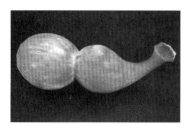

图 13

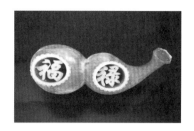

图 14

图 15

图 16

图 17

 思考与练习

1. 神仙鱼的主要特征有哪些？
2. 运用神仙鱼的雕刻手法，制作出罗汉鱼。

83

任务二　金　鱼

一、金鱼相关知识

金鱼起源于我国，也称"金鲫鱼"，是我国特有的观赏鱼。在人类文明史上，中国金鱼已陪伴着人类生活了十几个世纪，是世界观赏鱼史上最早的品种。经过长时间培育，品种很多并不断优化。金鱼的颜色有红、橙、紫、蓝、墨、银白、五花等。

金鱼形态优美，身姿奇异，色彩绚丽，既能美化环境，又能陶冶人的情操，很受人们喜爱。在国人心中，很早就奠定了其国鱼的尊贵身份。其中，金色或红色种类的金鱼尤其惹人喜爱。

金鱼在我国象征吉祥富有，代表着金玉满堂、年年有余。一对金鱼也象征着美满的爱情。

二、金鱼雕刻过程

（一）雕刻工具

主刀、U 型戳刀、拉刻刀等。

（二）雕刻原料

胡萝卜（或白萝卜、心里美萝卜、青萝卜等）。

（三）雕刻步骤

1. 选用两根新鲜的胡萝卜，并将其粘接在一起。如图 1~图 3 所示。

2. 在粘接好的胡萝卜上画出金鱼的大形。如图 4 所示。

3. 用主刀和 U 型戳刀修出金鱼嘴部和头部的大形。如图 5、图 6 所示。

4. 用拉刻刀划出金鱼颗粒状的头顶。如图 7 所示。

5. 用 U 型戳刀戳出金鱼背鳍与身体的分界线，并戳出金鱼的腹部和鳃部，用主刀修整光滑。如图 8~图 10 所示。

6. 用主刀将金鱼背鳍修薄，再用 U 型戳刀戳出背鳍上的纹路。如图 11 所示。

7. 用 U 型戳刀将金鱼的嘴突出，再用主刀开出嘴唇，修整光滑。如图 12、图 13 所示。

8. 用主刀雕刻出金鱼的鳃部。如图 14 所示。

9. 用主刀雕刻出金鱼身体上的鳞片。如图 15 所示。

10. 用拉刻刀划出金鱼背鳍上的纹路。如图 16 所示。

11. 用主刀刻出金鱼眼部，安装上仿真眼，再将眼睛安装到金鱼的头部。如图 17、图 18 所示。

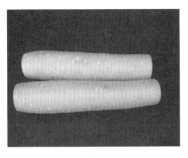

图 1

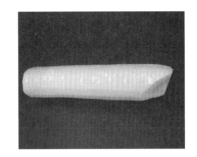

图 2

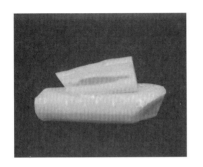

图 3

图 4

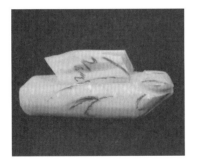

图 5

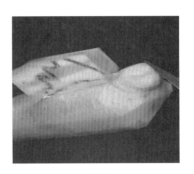

图 6

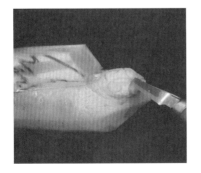

图 7

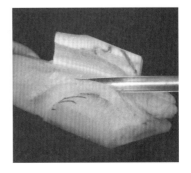

图 8

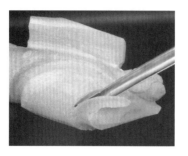

图 9

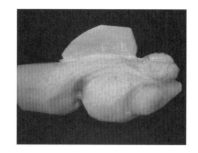

图 10

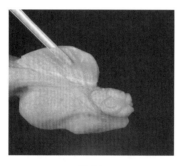

图 11

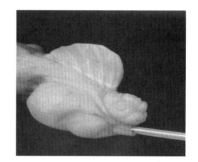

图 12

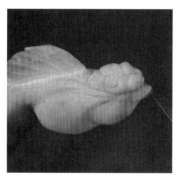

图 13

图 14

图 15

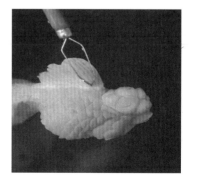

图 16

图 17

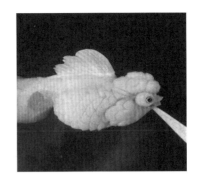

图 18

12. 取一块胡萝卜，用黑色水溶性笔画出金鱼的尾巴图案，接着用拉刻刀划出其纹路，并将其边缘修薄。如图 19、图 20 所示。

图 19

图 20

13. 将刻好的金鱼尾巴、鱼鳍粘接在金鱼的身体上。如图 21、图 22 所示。

图 21

图 22

14. 取红色食用色素，用喷枪将金鱼的身体喷上大红色。如图 23 所示。

15. 用细毛笔将白色和黑色食用色素涂抹在金鱼的身体上，作品完成。如图 24 所示。

图 23

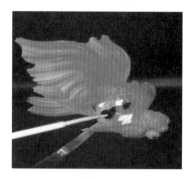

图 24

（四）技术要领

1. 雕刻刀法要熟练，要求成品体形完整，各个部位比例协调。

2. 雕刻眼部时位置要准确，呈圆球形并突出。

3. 尾鳍与身体粘接的时候，注意胶水不要外漏，以免影响整体美观。

4. 雕刻金鱼尾鳍时要有轻盈、灵活、飘逸的感觉。

5. 金鱼的身体呈圆型，身体要显得大而鼓。

（五）知识拓展

运用其他雕刻手法，以金鱼为主要表现形式，配上装饰，制作一款金鱼组合雕刻。

1. 用青萝卜和胡萝卜雕刻出一款欧式底座。用白萝卜雕刻出一个圆盘，四周做上 T 型花纹。如图 25、图 26 所示。

图 25

图 26

2. 取青萝卜雕刻出水草的形状，再将刻好的水草、荷花、荷叶组装在刻好的底座上。如图 27、图 28 所示。

3. 将刻好的金鱼粘接在底座上。如图 29 所示。

图 27

图 28

图 29

 思考与练习

1. 雕刻金鱼时应注意哪些操作要领?
2. 以金鱼为主题,制作一款其他造型的组合雕刻。

89

任务三　小丑鱼

一、小丑鱼相关知识

小丑鱼是对雀鲷科海葵鱼亚科鱼类的俗称，是一种热带咸水鱼。已知有 28 种。小丑鱼与海葵有着密不可分的共生关系，因此又称海葵鱼。带毒刺的海葵保护小丑鱼，小丑鱼则吃海葵消化后的残渣，形成一种互利共生的关系。

红双带小丑鱼体长 10~12cm，椭圆形，体色橘红。体侧有 3 条银白色环带，分别位于眼睛、背鳍中央、尾柄处，其中背鳍中央的白带在体侧形成三角形。各鳍橘红色，有黑色边缘。

二、小丑鱼雕刻过程

（一）雕刻工具

主刀、U 型戳刀、V 型戳刀、拉刻刀等。

（二）雕刻原料

胡萝卜（或白萝卜、青萝卜等）。

（三）雕刻步骤

1. 选用新鲜的胡萝卜，用切刀将其前端斜刀切去，修出 4 个平面。如图 1~图 3 所示。
2. 用主刀将 4 个平面交接处修光滑。如图 4 所示。
3. 用主刀将胡萝卜前端上下各切一刀，刻出小丑鱼的嘴部。如图 5 所示。
4. 用小号 U 型戳刀戳出嘴唇，再用主刀修光滑。如图 6、图 7 所示。
5. 用 U 型戳刀戳出小丑鱼的眼部轮廓，再用 V 型戳刀沿着轮廓边缘走一圈，戳出眼部，安上仿真眼。如图 8、图 9 所示。
6. 用 U 型戳刀定出小丑鱼的鳃部，再用 V 型戳刀沿着轮廓边缘走一刀，作出第一层鳃盖。按照此方法再作出第二层鳃盖，用拉刻刀拉刻出纹理。如图 10~图 12 所示。
7. 用主刀修出小丑鱼身体和尾部的大形，然后用砂纸打磨光滑。如图 13 所示。
8. 用 U 型戳刀定出尾鳍大形，用主刀修整光滑，再用 V 型戳刀戳出尾鳍纹理。如图 14、图 15 所示。
9. 另取一块原料，用主刀和 V 型戳刀雕刻出小丑鱼的胸鳍、臀鳍、背鳍。如图 16~图 18 所示。
10. 将刻好的鱼鳍用胶水粘接在鱼身上。如图 19 所示。
11. 用喷枪将白色食用色素喷抹在小丑鱼的身上，再用毛笔蘸黑色食用色素涂抹在鱼身上的各个部位。小丑鱼制作完成。如图 20~图 22 所示。

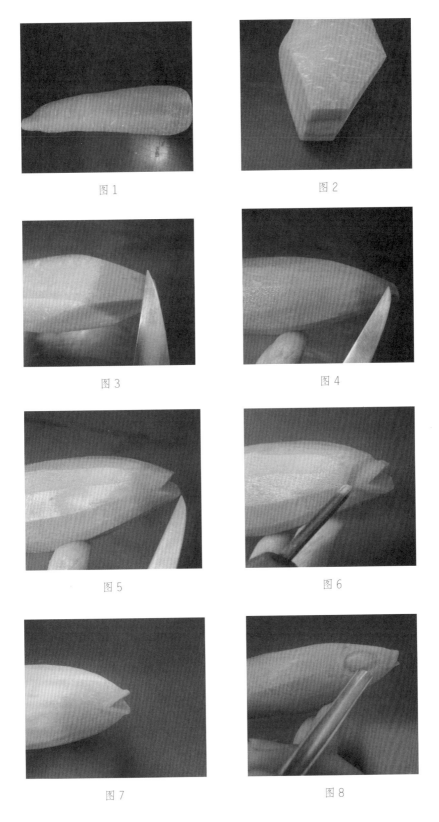

图 1 图 2

图 3 图 4

图 5 图 6

图 7 图 8

图 9

图 10

图 11

图 12

图 13

图 14

图 15

图 16

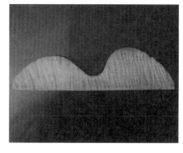

图 17

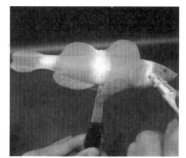

图 18

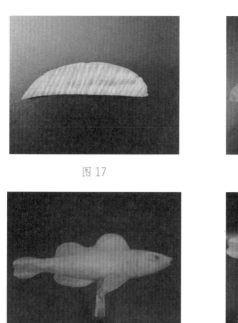

图 19

图 20

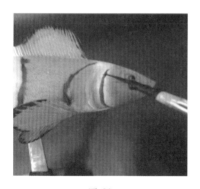

图 21

图 22

（四）技术要领

1. 掌握好小丑鱼各部位的比例，要求协调自然。

2. 鱼鳍与身体粘接的时候，注意胶水不要外漏，以免影响整体美观。

3. 雕刻小丑鱼鱼鳍时，纹路要清晰，间距要相等。

4. 在喷抹色素时，不要将色素喷抹到小丑鱼身体其他位置，以免影响整体色彩。

（五）知识拓展

运用其他雕刻手法，以小丑鱼为主要表现形式，配上装饰，制作一款小丑鱼组合雕刻。

1. 运用主刀和拉刻刀将白萝卜雕刻成山石的形状，并运用主刀和 U 型戳刀将胡萝卜雕刻成珊瑚的形状。如图 23、图 24 所示。

图 23 图 24

2. 用青萝卜雕刻出水草的形状，并将水草和珊瑚粘接在山石上面。如图 25、图 26 所示。

图 25 图 26

3. 将刻好的小丑鱼和各个配件组装在一起。如图 27 所示。

图 27

思考与练习

1. 小丑鱼在上色时要注意哪些要领？
2. 利用本节课所学小丑鱼的雕刻技法，制作出另一款小丑鱼的组合雕刻。

任务四　鲤　鱼

一、鲤鱼相关知识

鲤鱼是原产亚洲的淡水鱼，喜欢生活在平原上的暖和湖泊或水流缓慢的河水里。鲤鱼很早便在中国和日本被当作观赏鱼或食用鱼，在德国等欧洲国家作为食用鱼被养殖。

鲤鱼因鱼鳞上有十字纹理而得名。体态肥，肉质细嫩。一年四季均产，但以二三月产的最肥。鲤鱼呈柳叶型，背略隆起，嘴上有须，鳞片大且紧，鳍齐全且典型，肉多刺少。按生长水域的不同，鲤鱼可分为河鲤鱼、江鲤鱼和池鲤鱼。

鲤鱼在食品雕刻中应用较为广泛，取其"年年有余""鱼跃龙门"之意，非常受人们喜爱，可增添喜庆气氛。

二、鲤鱼雕刻过程

（一）雕刻工具

主刀、U型戳刀、拉刻刀等。

（二）雕刻原料

胡萝卜、红菜头（或长柄南瓜、心里美萝卜等）。

（三）雕刻步骤

1. 选用一根新鲜的胡萝卜，将其从中间切开，并粘接在一起。如图1、图2所示。
2. 用主刀将一头修尖，并刻出鲤鱼嘴部的大形。如图3所示。
3. 用U型戳刀戳出鲤鱼的鱼嘴，用主刀将鱼嘴的边缘修薄。如图4、图5所示。
4. 用主刀将鲤鱼的嘴部掏空。如图6所示。
5. 用U型戳刀戳出鲤鱼的头部轮廓，再用主刀刻出条纹。如图7、图8所示。
6. 用U型戳刀戳出鲤鱼的眼部并安装上仿真眼，再戳出脸部轮廓。如图9所示。
7. 用主刀雕刻出鳃盖的大形，再用戳刀戳出纹理。如图10所示。
8. 用主刀定出鲤鱼背鳍位置，雕刻出鲤鱼的鳞片，并用红菜头搭配一下颜色。如图11~图13所示。
9. 用拉刻刀拉刻出鲤鱼尾鳍纹路并修光滑。如图14、图15所示。
10. 用主刀修出鲤鱼的背鳍、胸鳍和臀鳍，并用拉刻刀划出背鳍上的纹路。如图16、图17所示。
11. 将刻好的胡须、背鳍、胸鳍、臀鳍粘接在鲤鱼的身体上。如图18所示。

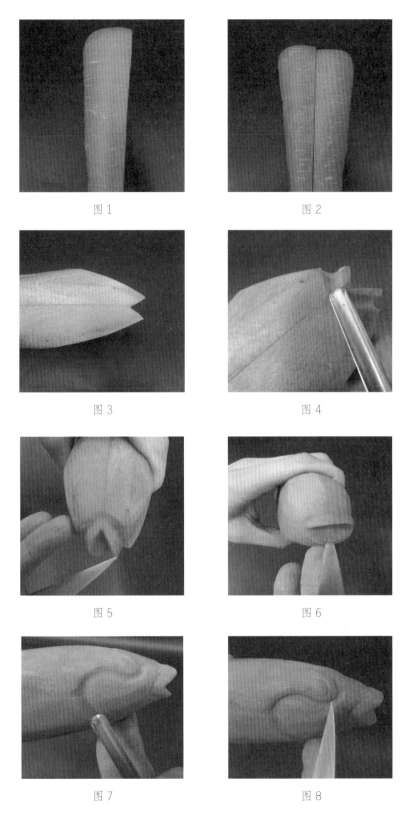

图 1　　　　　　　　　　　　　图 2

图 3　　　　　　　　　　　　　图 4

图 5　　　　　　　　　　　　　图 6

图 7　　　　　　　　　　　　　图 8

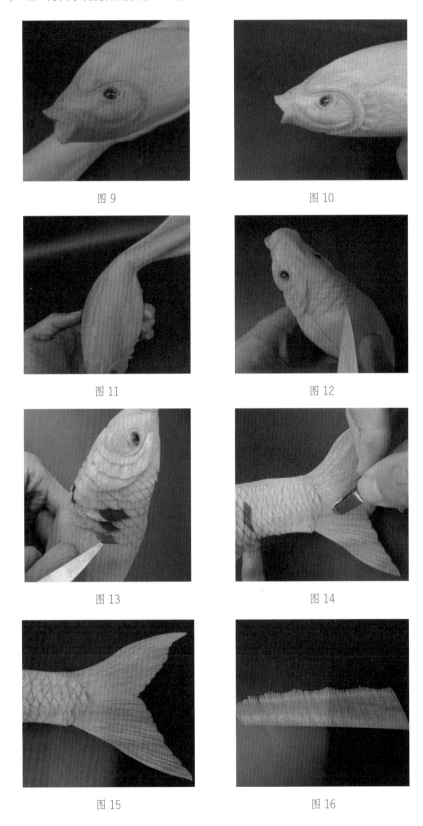

图 9

图 10

图 11

图 12

图 13

图 14

图 15

图 16

图 17　　　　　　　　　　　　　　图 18

（四）技术要领

1. 雕刻刀法要熟练，要求成品体形完整，各个部位比例协调。
2. 鲤鱼鳞片大小要均匀，前后位置错开。
3. 鲤鱼头部不要刻得太大，尾巴也不要刻得太小。
4. 雕刻鲤鱼鳞片时注意进刀的角度和去废料的角度。

（五）知识拓展

运用其他雕刻手法，以鲤鱼为主要表现形式，配上装饰，制作一款鲤鱼组合雕刻。

1. 用长柄南瓜刻出一个茶壶的造型，用心里美萝卜刻出梅花，组装在一起。用白萝卜雕刻出浪花的形状，并将其与茶壶粘接在一起。如图 19、图 20 所示。

图 19　　　　　　　　　　　　　　图 20

2. 用白萝卜、胡萝卜等原料雕刻出一把扇子，再刻上两朵菊花，最后将刻好的鲤鱼与配件组装在一起。如图 21 所示。

图 21

 思考与练习

1. 雕刻鲤鱼鳞片时有哪些技巧？

2. 利用本节课所学鲤鱼的雕刻技法，制作出另一款鲤鱼的组合雕刻。

任务五　河　虾

一、河虾相关知识

河虾是一种生活在淡水中的甲壳类节肢动物，广泛分布在我国江河、湖泊、水库和池塘当中，是优质的淡水虾类。

河虾体长而扁，分头胸和腹两部分，半透明，侧扁，腹部可弯曲，末端有尾扇。头胸由甲壳覆盖，腹部由 7 节体节组成。头胸甲前端有一尖长呈锯齿状的额剑及一对能转动的带有柄的复眼。虾的口在头胸部的底部。头胸部有 2 对触角，负责嗅觉、触觉及平衡。头胸部还有 3 对颚足，帮助把持食物。有 5 对步足，其中 2 对呈钳形，主要用来捕食及爬行。虾没有鱼那样的尾鳍，只有一对粗短的尾肢。尾肢与腹部最后一节合为尾扇，能够控制游动的方向。

河虾在食品雕刻中常与山石、水草等搭配组合，多用于盘饰。

二、河虾雕刻过程

（一）雕刻工具

主刀、U 型戳刀等。

（二）雕刻原料

青萝卜（或胡萝卜、心里美萝卜、白萝卜等）。

（三）雕刻步骤

1.选用两根新鲜的青萝卜，将其粘接在一起，并将顶端两头修薄。如图 1、图 2 所示。

2.用 U 型戳刀戳出河虾的额角。如图 3、图 4 所示。

3.用黑色水溶性铅笔画出河虾的头部，用 U 型戳刀顺着线条戳出头部。如图 5、图 6 所示。

4.用主刀在河虾的头部雕刻出锯齿状的额剑，并将多余的废料去除。如图 7~图 9 所示。

5.用黑色水溶性铅笔画出河虾的腹节形状，修出河虾身体大形，然后用主刀刻出河虾的腹节。如图 10~图 12 所示。

6.雕刻出河虾的眼睛、平衡器，并与河虾的身体粘接在一起。如图 13 所示。

7.雕刻出河虾的步足、虾须、腹肢，用胶水粘接在身体上。如图 14、图 15 所示。

8.雕刻出河虾的臂钳，再用胶水粘接在身体上。如图 16 所示。

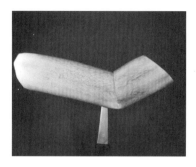

图1

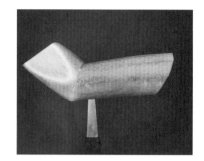

图2

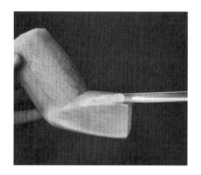

图3

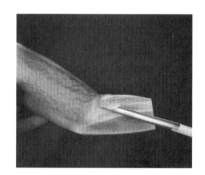

图4

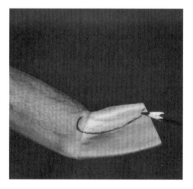

图5

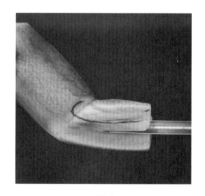

图6

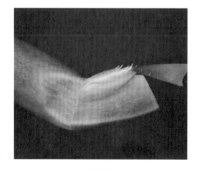

图7

图8

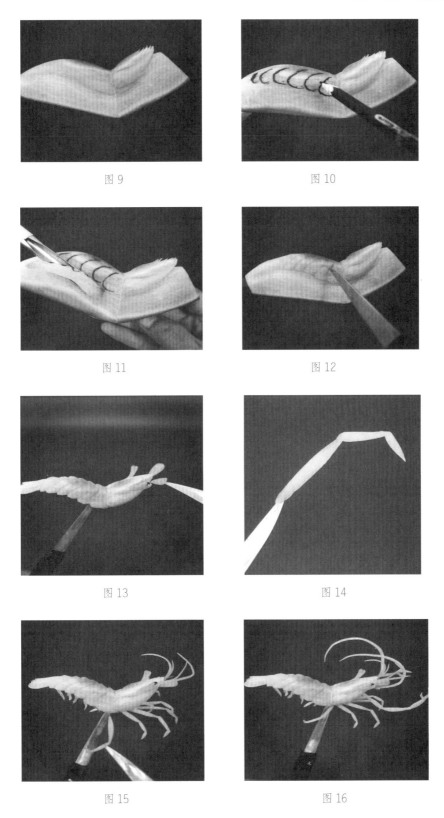

图 9

图 10

图 11

图 12

图 13

图 14

图 15

图 16

（四）技术要领

1. 雕刻刀法要熟练，要求成品完整，各个部位比例协调。

2. 雕刻腿部时，将关节突出，掌握好河虾步足的长短。

3. 足与足之间与身体粘接的时候，注意胶水不要外漏，以免影响整体美观。

4. 在雕刻河虾的腹节时，不要下刀太深，以免将原料刻透。

 思考与练习

1. 影响河虾整体形态的因素有哪些？

2. 利用本节课所学河虾的雕刻技法，制作一只海虾。

任务六 螃 蟹

一、螃蟹相关知识

蟹乃食中珍味，素有"一盘蟹，顶桌菜"的民谚。它不但味美，而且营养丰富，是一种高蛋白的食品。淡水蟹根据产地可分为河蟹、江蟹、湖蟹三种。河蟹以河北、天津的最为著名，江蟹以南京的为最好，湖蟹以江苏常熟阳澄湖、山东微山湖的品质为好。螃蟹的头胸甲呈圆型；褐绿色；螯足长且密生绒毛；蟹足侧扁而长，顶端尖锐。

在食品雕刻中，螃蟹主要应用在菜肴的装饰和一些主题雕刻中。

二、螃蟹雕刻过程

（一）雕刻工具

主刀、U 型戳刀、V 型戳刀、拉刻刀等。

（二）雕刻原料

青萝卜（或长柄南瓜、胡萝卜等）。

（三）雕刻步骤

1.选用一根新鲜的青萝卜，用黑色水溶性铅笔画出螃蟹身体的大形，再用主刀将大形取下。如图 1、图 2 所示。

2.用 U 型戳刀在原料侧面走一圈，再用主刀将底部修圆，作出螃蟹腹部的大形。如图 3、图 4 所示。

3.用黑色水溶性笔画出螃蟹的眼部，再用圆口拉刻刀刻出眼部。如图 5、图 6 所示。

4.用 V 型戳刀戳出螃蟹背部的轮廓，再用主刀修整光滑。如图 7~ 图 9 所示。

5.用 V 型戳刀戳出螃蟹腹部的大形。如图 10 所示。

6.用圆口拉刻刀拉刻出螃蟹腿部与身体接口处的圆孔。如图 11 所示。

7.用 V 型戳刀戳出螃蟹腹部的纹路。如图 12 所示。

8.另取一块青萝卜，用主刀刻出螃蟹的步足，用拉刻刀刻出步足上的纹路。如图 13~ 图 15 所示。

9.再取一块青萝卜，刻出螃蟹的螯足，将其边缘修光滑，并用 V 型戳刀戳出螯足的关节。如图 16、图 17 所示。

10.将刻好的螯足与螃蟹的身体粘接，再将刻好的步足粘接在身体上。如图 18~ 图 20 所示。

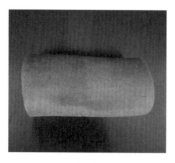

图1

图2

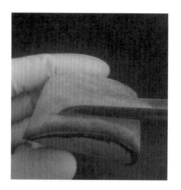

图3

图4

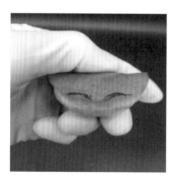

图5

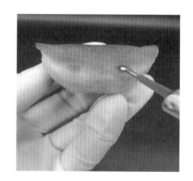

图6

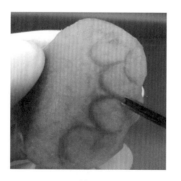

图7

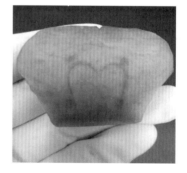

图8

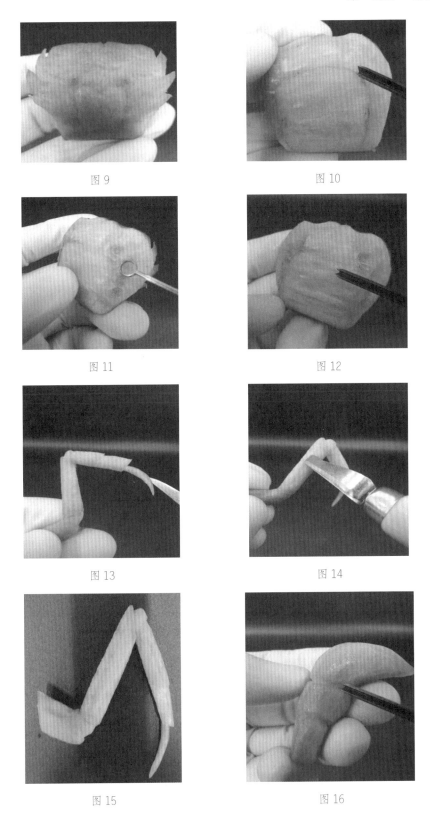

图 9

图 10

图 11

图 12

图 13

图 14

图 15

图 16

图 17

图 18

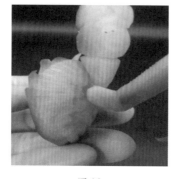

图 19

图 20

（四）技术要领

1. 掌握好螃蟹身体的形状，应呈椭圆形。

2. 雕刻蟹足的时候两边要对称。

3. 螃蟹背部的纹路要自然，并用砂纸打磨光滑。

4. 粘接螃蟹步足的时候，爪尖要朝下。

（五）知识拓展

运用其他雕刻手法，以螃蟹为主要表现形式，配上装饰，制作一款螃蟹组合雕刻。

1. 用白萝卜雕刻制作出水浪的造型，再用芋头雕刻出海螺的形状，并用食用色素上色。如图 21、图 22 所示。

图 21

图 22

2.用长柄南瓜雕刻出菊花，配上用青萝卜雕刻的叶子，用青萝卜再雕刻出一只螃蟹。如图 23、图 24 所示。

图 23　　　　　　　　　　　　　　　　图 24

3.将刻好的螃蟹与浪花等组装在一起。如图 25 所示。

图 25

 思考与练习

1.雕刻螃蟹足部时应注意哪些要点？
2.利用本节课所学螃蟹的雕刻技法，制作出另一款螃蟹的组合雕刻。

项目五　禽鸟类雕刻

 项目导学

　　禽鸟类雕刻在食品雕刻中比较常见，经常应用于主题宴会、冷餐会当中，对于活跃和增进宴会气氛起着重要的作用。禽鸟类雕刻结构复杂、造型多样，在雕刻时有一定的技术难度，所以在学习禽鸟类雕刻前，先要掌握禽鸟类的外形基本结构，抓住禽鸟类的动态特征。雕刻时应从简单到复杂，循序渐进地逐步掌握禽鸟类雕刻方法。

 **项目目标**

　　知识教学目标：通过本项目的学习，使学生了解禽鸟类雕刻的种类及基础知识，掌握禽鸟类雕刻的操作步骤和要领。

　　能力培养目标：准确把握禽鸟类的身体结构特点及尺寸比例，灵活运用各种雕刻技法，雕刻出形态逼真的禽鸟类作品。

任务一　麻　雀

一、麻雀相关知识

麻雀是雀科麻雀属小型鸟类的统称。麻雀是典型的亲人种，活动于人类活动较多的环境中，它们的栖息地和觅食地常在城镇村落中。麻雀广泛分布于欧亚大陆。麻雀体型短圆，嘴圆钝短粗，具有典型的食谷鸟特征。头顶和后颈为栗子色，面部白色，双颊中央各有一块黑色色块，这块黑色是鉴别麻雀的关键特征。

麻雀雕刻是禽鸟类雕刻技法的基础。由于麻雀雕刻出来比较小巧，故在菜肴装饰上应用较多，也可以制作一些组合雕刻。

二、麻雀雕刻过程

（一）雕刻工具

主刀、U 型戳刀、拉刻刀等。

（二）雕刻原料

胡萝卜（或长柄南瓜、芋头等）。

（三）雕刻步骤

1.选用一根新鲜的胡萝卜，并将其大头端修平，再粘接另一块胡萝卜。如图 1 所示。
2.将粘接上的胡萝卜顶端两侧修薄。如图 2 所示。
3.用黑色水溶性铅笔画出麻雀的头部大形。如图 3 所示。
4.用主刀顺着铅笔画的纹路修出头部大形。如图 4 所示。
5.用拉刻刀拉刻出麻雀的头部与嘴部的交接线，并拉刻出鼻孔大形。如图 5、图 6 所示。
6.用主刀将麻雀嘴部修尖，并用拉刻刀刻出嘴角。如图 7 所示。
7.用圆孔拉刻刀刻出麻雀眼部轮廓，用主刀修整光滑，再用 U 型戳刀戳出眼部。如图 8、图 9 所示。
8.用拉刻刀拉刻出面部轮廓，再用主刀修整光滑。如图 10、图 11 所示。
9.用 U 型戳刀戳出麻雀翅膀大形，再用主刀修整光滑。如图 12、图 13 所示。
10.另取一块原料，粘贴在麻雀腹部，并用主刀修匀称。安上仿真眼。如图 14、图 15 所示。
11.用拉刻刀拉刻出麻雀面颊、胸部等位置处的绒毛。如图 16 所示。
12.用主刀刻出麻雀的覆羽和飞羽。如图 17、图 18 所示。
13.用拉刻刀刻出尾部和腿部的绒毛，并用主刀去除多余原料。如图 19 所示。
14.另取一块胡萝卜，用主刀刻出麻雀的脚爪，并粘接在腿部。如图 20、图 21 所示。

15. 再取一块胡萝卜，用主刀刻出麻雀的尾部。如图22所示。

16. 将刻好的尾巴粘接在麻雀身体上，并将麻雀整体修整光滑。如图23所示。

图 1

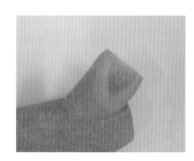

图 2

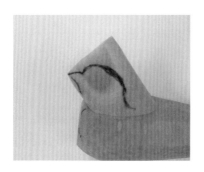

图 3

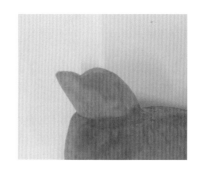

图 4

图 5

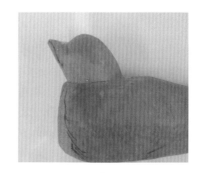

图 6

图 7

图 8

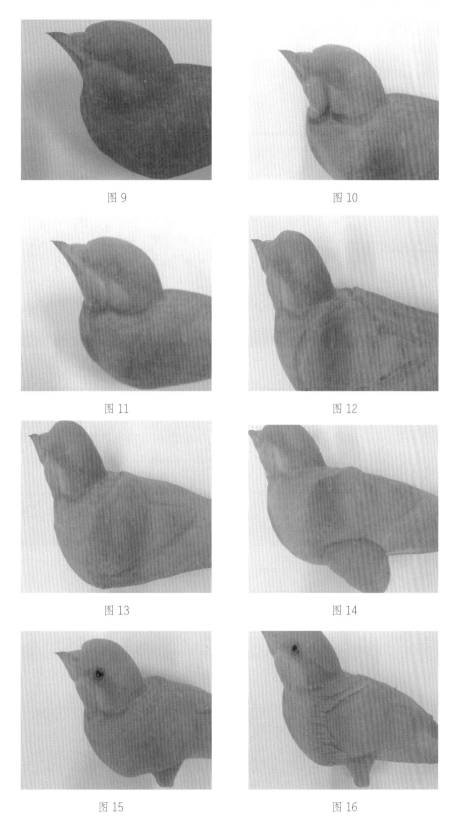

图 9

图 10

图 11

图 12

图 13

图 14

图 15

图 16

图 17

图 18

图 19

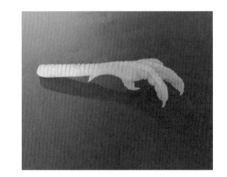
图 20

图 21

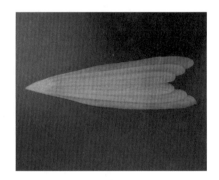
图 22

图 23

（四）技术要领

1. 雕刻刀法要熟练，要求成品体形完整。

2. 鸟头颈整体大小、长短比例要求恰当、准确。

3. 在雕刻羽毛时，要求刀法熟练、流畅，废料要求去除干净，边缘整齐无缺口、毛边。

4. 鸟脚趾关节要重点体现出来，中趾应最大、最长，后趾最小。

5. 麻雀各部位的轮廓要明显、突出。

 思考与练习

1. 麻雀整体形态特征有哪些？

2. 利用本节课所学麻雀的雕刻技法，制作出一款麻雀的组合雕刻。

任务二　喜　鹊

一、喜鹊相关知识

喜鹊为鸦科鹊属鸟类，分布范围很广，几乎遍布世界各大陆。喜鹊常出没于人类居住区，喜欢把巢筑在民宅旁的大树上，在居民点附近活动。喜鹊体型较大，头、颈、背至尾部均为黑色，并自前往后分别呈现紫色、蓝绿色、绿色等光泽，双翅黑色而在翼肩有一块白斑。嘴、脚是黑色。腹面以胸为界，前黑后白。尾羽较长，其长度超过身体的长度。

喜鹊自古以来深受人们的喜爱，在中国民间将喜鹊作为吉祥、好运与福气的象征。

喜鹊的雕刻方法与麻雀的雕刻方法很相似。主要区别在于喜鹊的体型大一些，头偏小，嘴、颈稍长，尾巴属于长尾型。在食品雕刻中，喜鹊通常用于喜宴上，制作主题雕刻，如"双喜盈门""喜上眉梢"等。

二、喜鹊雕刻过程

（一）雕刻工具

主刀、U型戳刀、拉刻刀等。

（二）雕刻原料

胡萝卜、红菜头（或南瓜、白萝卜、青萝卜等）。

（三）雕刻步骤

1. 选用一根新鲜的胡萝卜，将其切开并反粘在一起，用黑色水溶性铅笔画出喜鹊头部的大形。如图1、图2所示。

2. 用主刀将边缘多余的原料去除。另取一块红菜头修成嘴部形状，粘接在胡萝卜上。如图3、图4所示。

3. 用U型戳刀在喜鹊头部戳一刀，修出头顶轮廓。如图5所示。

4. 用主刀修去嘴部棱角，并细刻出嘴部。如图6、图7所示。

5. 用拉刻刀拉刻出眼部轮廓，用U型戳刀戳出眼部，安上仿真眼，用拉刻刀拉刻出头部绒毛。如图8~图10所示。

6. 另取一块胡萝卜粘接在身体上，用主刀修出翅膀大形，用拉刻刀拉刻出翅膀绒毛。如图11、图12所示。

7. 用主刀刻出翅膀的覆羽和飞羽。如图13、图14所示。

8. 用拉刻刀拉刻出尾部绒毛。如图15所示。

9. 另取一块原料粘在喜鹊身体上做为腿部，并拉刻出腿部绒毛。如图16、图17所示。

10. 刻出尾羽和脚爪，粘接在喜鹊身体上。如图18~图20所示。

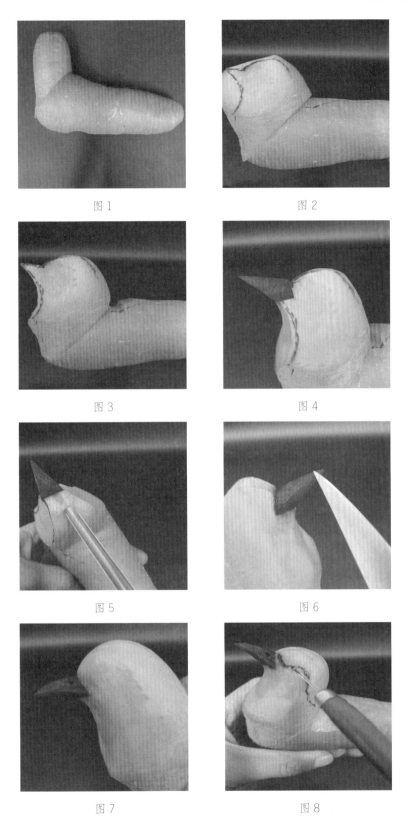

图 1　　　　　　　　　　图 2

图 3　　　　　　　　　　图 4

图 5　　　　　　　　　　图 6

图 7　　　　　　　　　　图 8

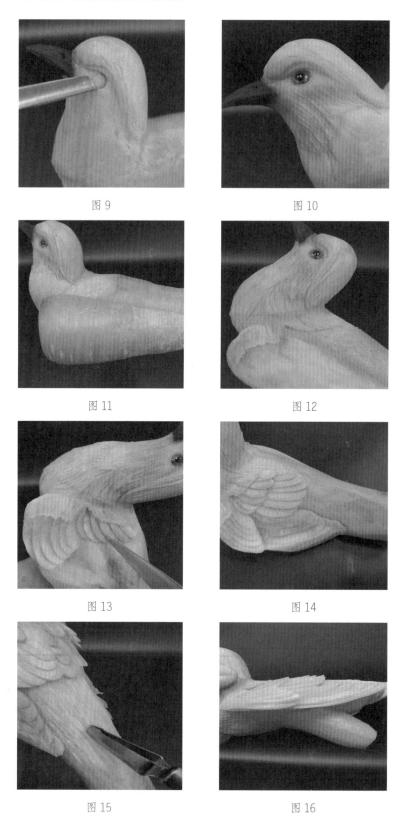

图 9

图 10

图 11

图 12

图 13

图 14

图 15

图 16

图 17

图 18

图 19

图 20

（四）技术要领

1. 雕刻刀法要熟练，要求成品体形完整，各部位比例协调。

2. 各部位绒毛拉刻时要注意紧密细致，每拉刻完一层要去除一层废料，达到层次分明、清晰。

3. 为了使翅膀更有立体感，应采用半张开式的雕刻手法。

4. 雕刻喜鹊尾羽时注意每根羽毛的长短，中间两根最长，然后依次从两侧逐渐变短。

（五）知识拓展

运用其他雕刻手法，以喜鹊为主要表现形式，配上装饰，制作一款喜鹊组合雕刻。

1. 用白萝卜雕刻出假山，用亚克力板与白萝卜结合作出一个月亮造型，与假山衔接在一起。再雕刻出牡丹花和叶子，并粘接在假山上。如图 21、图 22 所示。

2. 运用雕刻手法刻出院门的造型，并将其和"喜盈门"三个字粘接在亚克力板上。如图 23、图 24 所示。

3. 将刻好的喜鹊和其他装饰物组装在一起。如图 25 所示。

图 21

图 22

图 23

图 24

图 25

思考与练习

1. 喜鹊与麻雀在形态特征上有哪些区别？
2. 利用本节课所学喜鹊的雕刻技法，制作出另一款喜鹊的组合雕刻。

任务三 鸳 鸯

一、鸳鸯相关知识

鸳鸯属雁形目鸭科。鸳鸯体型较小，嘴扁，颈长，善于游泳；翼长，能飞。雄的羽色绚丽，头后有呈赤、紫、绿等色的羽冠，嘴红色，脚黄色。雌的体型稍小，羽毛灰褐色，嘴灰黑色。长栖息于内陆湖泊和溪流边。鸳鸯春季经过山东、河北、甘肃等地到内蒙古东北部及东北北部和中部繁殖，在长江中、下游及东南沿海一带越冬。

鸳鸯是经常出现在中国古代文学作品和神话传说中的鸟类。鸳指的是雄鸟，鸯指的是雌鸟，故鸳鸯属于组合词。中国传统文化赋予鸳鸯很多美好的寓意，通常象征着美满的婚姻与爱情。

鸳鸯在食品雕刻中通常雕刻雌雄两只，在婚礼宴会上作主题雕刻的较多。

二、鸳鸯雕刻过程

（一）雕刻工具

主刀、V型戳刀、拉刻刀等。

（二）雕刻原料

心里美萝卜（或南瓜、芋头等）。

（三）雕刻步骤

1. 选用一个新鲜的心里美萝卜，用切刀切开并将其粘接在一起。如图1、图2所示。
2. 用黑色水溶性铅笔在粘接好的萝卜上面画出鸳鸯整体的大形，用主刀将多余的原料去除。如图3、图4所示。
3. 用主刀将鸳鸯的头部、嘴部大形修出，接着细刻出嘴部。如图5、图6所示。
4. 用拉刻刀拉刻出鸳鸯头翎，细刻出眼部，安上仿真眼。如图7、图8所示。
5. 另取一块原料，用V型戳刀戳出颈部羽毛，并粘接在鸳鸯颈部。如图9、图10所示。
6. 用拉刻刀拉刻出翅膀大形，用主刀刻出覆羽。如图11~图13所示。
7. 另取一块原料，用主刀刻出飞羽，并粘接在翅膀上。如图14、图15所示。
8. 选用一块心里美萝卜，用主刀将鸳鸯相思羽的大形刻出，接着用拉刻刀将表面的纹路划出，并将其粘接在身体上。如图16所示。
9. 在鸳鸯的尾部粘接一块心里美萝卜，并用主刀将其尾羽刻出。如图17~图19所示。
10. 用拉刻刀刻出鸳鸯腹部羽毛。如图20所示。
11. 刻出鸳鸯的脚爪，将刻好的脚爪与鸳鸯的身体进行粘接。如图21、图22所示。

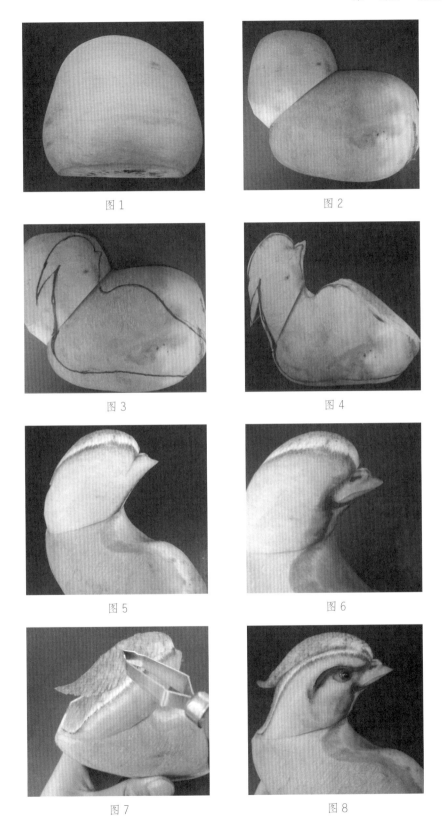

图 1

图 2

图 3

图 4

图 5

图 6

图 7

图 8

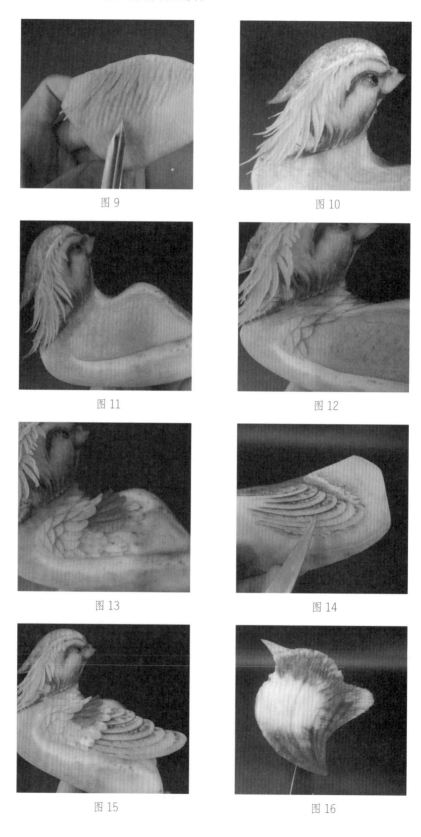

图 9

图 10

图 11

图 12

图 13

图 14

图 15

图 16

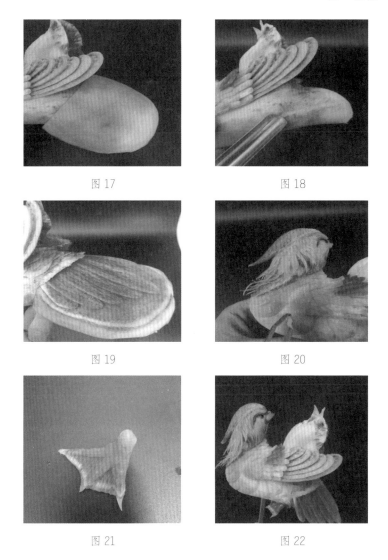

图 17   图 18

图 19   图 20

图 21   图 22

（四）技术要领

1. 雕刻刀法要熟练，要求成品体形完整，各个部位比例协调。

2. 用心里美萝卜雕刻鸳鸯时，要注意原料的选用，搭配好色和型。

3. 雕刻鸳鸯脚趾时要注意雕刻手法，前三趾间要有全蹼相连。

4. 雕刻鸳鸯相思羽时，两片相思羽要对称。

（五）知识拓展

运用其他雕刻手法，以鸳鸯为主要表现形式，配上装饰，制作一款鸳鸯组合雕刻。

1. 用心里美萝卜雕刻出山石，再雕刻出一朵睡莲。如图 23、图 24 所示。

2. 用心里美萝卜雕刻出芦苇，再雕刻出桃花，将其粘接在树枝上。如图 25、图 26 所示。

3. 将刻好的鸳鸯与其他雕刻配件组装在一起。如图 27 所示。

图 23

图 24

图 25

图 26

图 27

思考与练习

1. 鸳鸯在中国传统文化中有哪些象征意义？

2. 利用本节课所学鸳鸯的雕刻技法，制作出另一款鸳鸯的组合雕刻。

任务四　鹅

一、鹅相关知识

鹅是鸟纲雁形目鸭科动物。鹅是人类驯化的一种家禽，来自野生的鸿雁或灰雁。中国家鹅的祖先是鸿雁，欧洲家鹅的祖先是灰雁。

鹅头大，喙扁阔，前额有肉瘤。脖子很长，身体宽壮，龙骨长，胸部丰满，尾短，脚大有蹼。食青草，耐寒，合群性及抗病力强。孵化期一个月。生长快，寿命较其他家禽长。体重4~15kg。栖息于池塘等水域附近，善于游泳。

鹅有着吉祥、和谐的寓意，还象征着甜美的爱情，在食品雕刻中通常与荷花、荷叶等雕刻造型组装成一幅池塘的景色。

二、鹅雕刻过程

（一）雕刻工具

主刀、U型戳刀、拉刻刀等。

（二）雕刻原料

白萝卜、胡萝卜（或南瓜、芋头等）。

（三）雕刻步骤

1. 选用一根新鲜的白萝卜，将其从中间切断，反粘在一起，再将头部两面切薄。如图1、图2所示。

2. 用黑色水溶性铅笔在粘接好的萝卜上画出鹅身体的大形，用U型戳刀在鹅的大形弧度处戳一刀，然后用主刀沿着线路定出大形。如图3~图5所示。

3. 另取一块胡萝卜，作出一个弧度，与白萝卜粘接在一起。用主刀刻出额头、嘴部的大形。如图6、图7所示。

4. 用U型戳刀戳出鹅嘴部弧度，用主刀刻出鼻孔。如图8~图10所示。

5. 用拉刻刀刻出鹅头部的线条和轮廓，用U型戳刀戳出眼部，安装上仿真眼。如图11~图13所示。

6. 用拉刻刀拉刻出鹅翅膀的大形，再刻出翅膀上的羽毛。如图14、图15所示。

7. 用主刀刻出鹅翅膀的覆羽和飞羽，再将尾部的羽毛刻出。如图16、图17所示。

8. 选用一块新鲜的胡萝卜，用铅笔画出鹅的脚爪。如图18所示。

9. 用U型戳刀将爪趾分开，再用主刀将爪趾的关节和脚爪部的纹路刻出。如图19所示。

10. 将刻好的脚爪与鹅的身体粘接在一起。如图20所示。

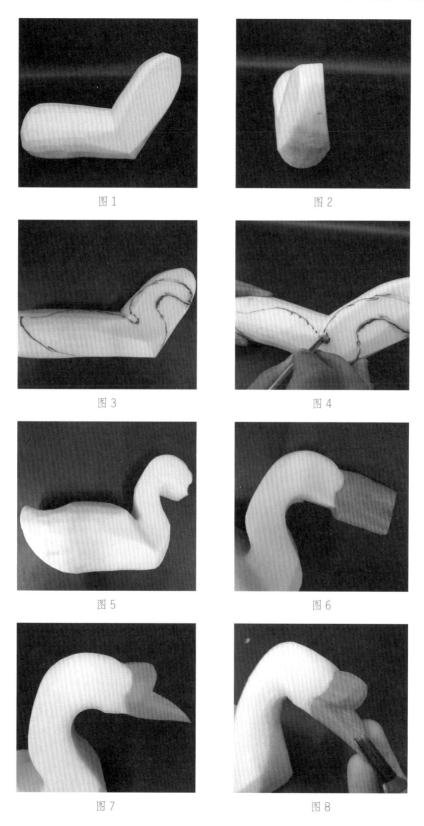

图 1　　　　　　　　　　　　　　图 2

图 3　　　　　　　　　　　　　　图 4

图 5　　　　　　　　　　　　　　图 6

图 7　　　　　　　　　　　　　　图 8

图 9

图 10

图 11

图 12

图 13

图 14

图 15

图 16

图 17

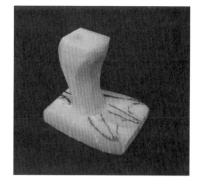

图 18

图 19

图 20

（四）技术要领

1. 雕刻刀法要熟练，头部与身体的比例要协调。

2. 头部与颈部粘接要自然，要有一个弧度。

3. 粘接的时候，注意胶水不要外漏，以免影响整体美观。

4. 雕刻鹅颈部时形态要自然，呈 S 形。

5. 在雕刻鹅羽毛时要注意羽毛之间的层次。

（五）知识拓展

运用其他雕刻手法，以鹅为主要表现形式，配上装饰，制作一款鹅组合雕刻。

1. 准备好冻粉和食用绿色色素，上火熬化后倒入提前准备好的盛器中。如图 21、图 22 所示。

2. 用心里美萝卜刻出睡莲和荷叶。如图 23、图 24 所示。

3. 将刻好的鹅与睡莲、荷叶、山石组装在提前熬好的冻粉上。如图 25 所示。

图 21

图 22

图 23

图 24

图 25

 思考与练习

1. 雕刻鹅时需要注意哪些事项？
2. 利用本节课所学鹅的雕刻技法，制作出一组鹅的组合雕刻。

任务五 仙 鹤

一、仙鹤相关知识

鹤是鹤科鸟类的通称，是一些美丽而优雅的大型涉禽，在南美洲以外的各大陆均有分布，而在东亚种类最多，中国有 2 属 9 种，占世界 15 种鹤的一大半，是鹤类最多的国家。鹤在中国文化中有崇高的地位，特别是丹顶鹤，是长寿、吉祥和高雅的象征，常被与神仙联系起来，又称"仙鹤"。丹顶鹤体长在 1.2m 以上，全身基本都是白色，只是头顶裸出部分是红色，喉和颈部都是暗褐色，嘴呈灰绿色，脚呈灰黑色。

二、仙鹤雕刻过程

（一）雕刻工具

主刀、U 型戳刀、拉刻刀等。

（二）雕刻原料

白萝卜、胡萝卜（或南瓜、芋头等）、红辣椒。

（三）雕刻步骤

1. 选用一根新鲜的白萝卜，将其从中间切断，反粘在一起，并将前端两面修薄。如图 1、图 2 所示。

2. 用黑色水溶性铅笔在粘接好的萝卜上画出仙鹤身体的大形，用主刀定出大形。如图 3、图 4 所示。

3. 选用一块新鲜的胡萝卜，修成三角形，将其粘接在身体的大形上。如图 5、图 6 所示。

4. 用主刀将嘴部的棱角修光滑，用 U 型戳刀戳出仙鹤的嘴角，用主刀将仙鹤的鼻孔刻出。如图 7~图 9 所示。

5. 用拉刻刀刻出眼部轮廓，用 U 型戳刀戳出眼部，并安上仿真眼。如图 10 所示。

6. 取一块新鲜的白萝卜，进行粘接，用黑色水溶性铅笔画出翅膀的大形，用主刀将多余的原料去除。如图 11、图 12 所示。

7. 用主刀刻出翅膀的覆羽。再另取原料刻出飞羽，粘接在翅膀上。如图 13、图 14 所示。

8. 将刻好的翅膀与仙鹤身体粘接好，再用主刀刻出背部羽毛。如图 15 所示。

9. 用主刀刻出尾羽，修出腿部大形，用拉刻刀拉刻出腿部绒毛。如图 16 所示。

10. 用胡萝卜刻出仙鹤的脚爪，并粘接在仙鹤身体上。如图 17、图 18 所示。

11. 另取白萝卜刻出翅膀根部羽毛，并用墨鱼汁涂成黑色，粘接在翅膀根部。用红辣椒刻出一个椭圆形，粘接在仙鹤头顶上。如图 19、图 20 所示。

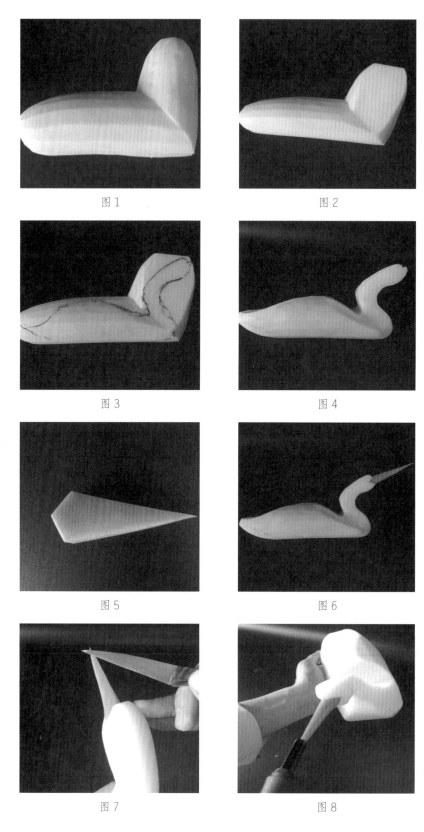

图 1

图 2

图 3

图 4

图 5

图 6

图 7

图 8

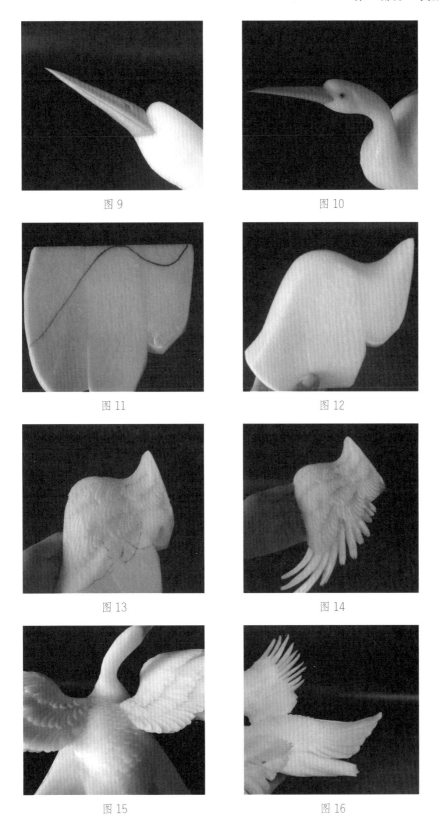

图 9   图 10

图 11   图 12

图 13   图 14

图 15   图 16

图 17

图 18

图 19

图 20

（四）技术要领

1. "鹤有三长"，分别是嘴长、脖颈长、腿长，要掌握好各部位的比例。
2. 雕刻脖颈时要自然弯曲，并用砂纸打磨光滑。
3. 粘接嘴部、腿部时注意胶水不要外漏，以免影响整体美观。
4. 翅膀与身体粘接时要衔接好，接口处羽毛雕刻要自然。

（五）知识拓展

运用其他雕刻手法，以仙鹤为主要表现形式，配上装饰，制作一款仙鹤组合雕刻。

1. 用南瓜雕刻出一根松树枝，再用青萝卜雕刻出松针。如图21、图22所示。

图 21

图 22

2.将刻好的松针粘接在松树枝上，再另刻一只其他造型的仙鹤。如图23、图24
所示。

图23　　　　　　　　　　　　　　图24

3.将刻好的仙鹤、松树枝组装在木框中。如图25所示。

图25

 思考与练习

1.影响仙鹤整体形态的因素有哪些？

2.利用本节课所学仙鹤的雕刻技法，制作出另一款仙鹤的组合雕刻。

任务六　鹦　鹉

一、鹦鹉相关知识

鹦鹉种类非常繁多，形态各异，颜色艳丽。鹦鹉中体型最大的当属华贵高雅的蓝紫金刚鹦鹉，最小的是蓝冠短尾鹦鹉。人们最熟悉的鹦鹉是虎皮鹦鹉和葵花凤头鹦鹉等。鹦鹉鸣叫响亮，是典型的攀禽，对趾型足，两趾向前两趾向后，适合抓握。鹦鹉的钩喙独具特色，强劲有力，可以食用坚果。

人们喜爱这种美丽的飞禽，把鹦鹉作为智慧的象征。在食品雕刻中通常以葵花凤头鹦鹉和金刚鹦鹉为主要雕刻品种。

二、鹦鹉雕刻过程

（一）雕刻工具

主刀、U型戳刀、拉刻刀等。

（二）雕刻原料

青萝卜、胡萝卜（或南瓜、芋头等）。

（三）雕刻步骤

1. 选用一根新鲜的青萝卜，将前端修薄，粘接一块胡萝卜，作为鹦鹉的嘴部。如图1、图2所示。

2. 用拉刻刀拉刻出鹦鹉头部轮廓，用黑色水溶性铅笔画出嘴部大形，并细刻出嘴部。如图3、图4所示。

3. 用U型戳刀戳出眼部，安上仿真眼。接着，粘接一块青萝卜，将其棱角修光滑，刻出鹦鹉的身体大形。如图5、图6所示。

4. 取一块胡萝卜，刻出鹦鹉的脚爪。如图7、图8所示。

5. 再取一块胡萝卜，用拉刻刀拉刻出头翎上面的纹路，再用主刀将其取下。如图9、图10所示。

6. 用青萝卜雕刻出尾羽，并按大小组装在一起。如图11、图12所示。

7. 将刻好的头翎、脚爪、尾羽粘接在身体上。如图13所示。

8. 取青萝卜，修出鹦鹉翅膀的大形，刻出覆羽。如图14、图15所示。

9. 刻出翅膀反面的覆羽，将刻好的飞羽粘接上。如图16、图17所示。

10. 将刻好的翅膀与鹦鹉的身体进行粘接。如图18所示。

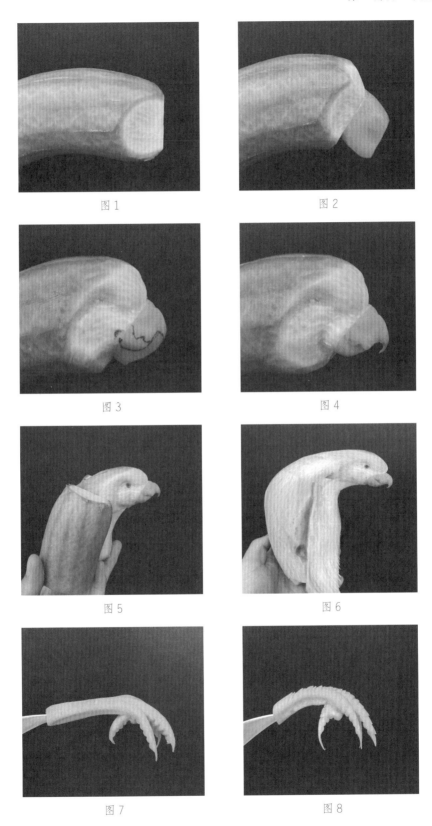

图 1

图 2

图 3

图 4

图 5

图 6

图 7

图 8

图 9

图 10

图 11

图 12

图 13

图 14

图 15

图 16

图 17   图 18

（四）技术要领

1. 雕刻刀法要熟练，要求成品体形完整，各个部位比例协调。

2. 鹦鹉的嘴呈钩型。

3. 粘接头翎时，要注意层次，并与头部衔接好。

4. 拉刻刀在拉刻飞羽、头翎、尾羽纹路时，要保持间距相等，层次清晰。

（五）知识拓展

运用其他雕刻手法，以鹦鹉为主要表现形式，配上装饰，制作一款鹦鹉组合雕刻。

1. 用南瓜、白萝卜等原料，运用雕刻手法，刻出一副画卷的造型，再将刻好的牡丹花与画卷进行粘接。如图 19、图 20 所示。

图 19   图 20

2.将刻好的鹦鹉组装在画卷上。如图 21 所示。

图 21

 思考与练习

1.鹦鹉有哪些特征?

2.利用本节课所学鹦鹉的雕刻技法，制作出另一款鹦鹉的组合雕刻。

任务七 锦 鸡

一、锦鸡相关知识

锦鸡是一种雉科动物，是白腹锦鸡、红腹锦鸡的统称。主要分布在我国陕西、西藏、四川、贵州、云南、广西等地。雄鸟全长约 140cm，雌鸟全长约 60cm。白腹锦鸡雄鸟头顶、背、胸为金属翠绿色；羽冠紫红色；后颈披肩羽白色，具黑色羽缘；下背棕色，腰转朱红色；飞羽暗褐色；尾羽长，有黑白相间的云状斑纹；腹部白色；嘴和脚蓝灰色。雌鸟上体及尾大部分为棕褐色；胸部棕色具黑斑。

红腹锦鸡被认为是传说中的"凤凰"，自古以来深受人们的喜爱，将红腹锦鸡视为吉祥、好运、喜庆、福气、美丽、高贵的象征。

"锦绣前程""锦上添花"等是食品雕刻中常见的题材，通常将雄性锦鸡与各种花卉搭配在一起雕刻而成。

二、锦鸡雕刻过程

（一）雕刻工具

主刀、U 型戳刀、拉刻刀等。

（二）雕刻原料

胡萝卜、青萝卜、南瓜、心里美萝卜等。

（三）雕刻步骤

1. 选用一根新鲜的胡萝卜，用主刀从两侧各切一刀。如图 1、图 2 所示。
2. 用主刀从胡萝卜前端上下各走一刀，修出锦鸡的额头。如图 3、图 4 所示。
3. 用主刀修去锦鸡头部和嘴部的棱角。如图 5 所示。
4. 用拉刻刀拉刻出锦鸡头翎和眼部轮廓。如图 6 所示。
5. 用主刀定出锦鸡颈部扇状羽的大形，并去除嘴部多余原料。如图 7、图 8 所示。
6. 用拉刻刀定出锦鸡头部轮廓，用小号 U 型戳刀戳出嘴角线，再刻出嘴角线。如图 9~ 图 12 所示。
7. 用主刀定出眼眉线，再用小号 U 型戳刀戳出眼部，安上仿真眼。如图 13~ 图 15 所示。
8. 另取一块胡萝卜，与头部粘接，作为锦鸡的身子。再用中号 U 型刀戳出背部羽毛轮廓，用主刀修出锦鸡腿部轮廓。如图 16~ 图 18 所示。
9. 用拉刻刀拉刻出腹部羽毛，用主刀刻出背部羽毛。如图 19~ 图 21 所示。
10. 另取一块南瓜雕刻出锦鸡的头翎，粘接在头部。如图 22 所示。

11. 用青萝卜雕刻出锦鸡的尾部羽毛，粘接在尾部。如图 23 所示。

12. 用青萝卜雕刻出尾羽，点缀上用心里美萝卜雕刻的圆点。如图 24 所示。

13. 用胡萝卜和青萝卜雕刻出一对锦鸡翅膀。如图 25 所示。

14. 将雕刻好的翅膀和脚爪粘接在锦鸡身体上。如图 26 所示。

图 1

图 2

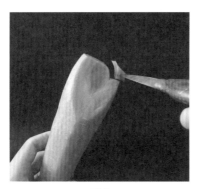

图 3

图 4

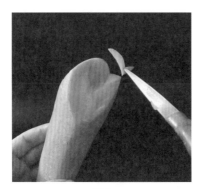

图 5

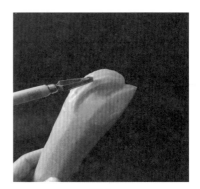

图 6

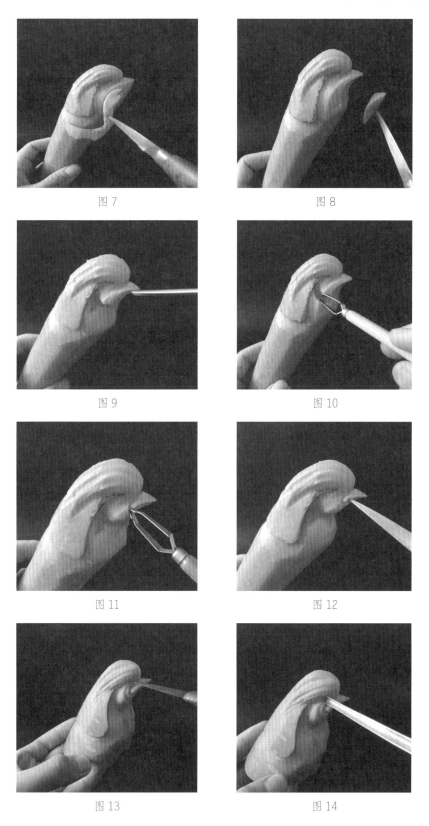

图 7

图 8

图 9

图 10

图 11

图 12

图 13

图 14

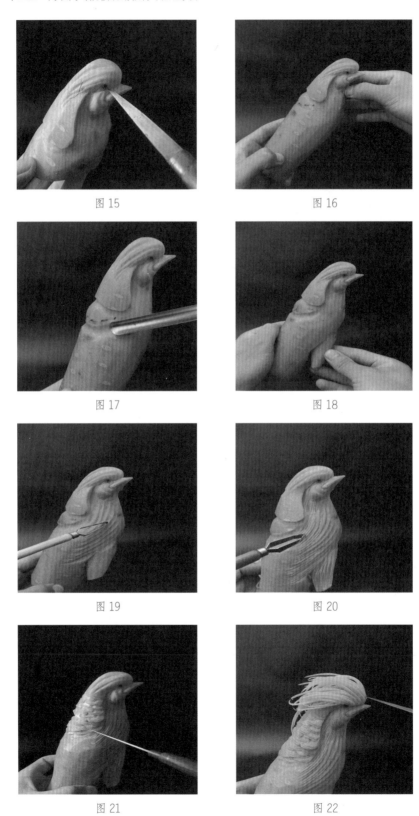

图 15

图 16

图 17

图 18

图 19

图 20

图 21

图 22

图 23

图 24

图 25

图 26

（四）技术要领

1. 雕刻刀法要熟练，要求成品体形完整，比例恰当。

2. 雕刻锦鸡头翎时要运用戳刀法，这样更有立体感。

3. 锦鸡颈部披肩扇状羽呈长方形，背部羽毛呈半圆形，两者形状要区分开。

4. 两只翅膀大小要对称，并掌握好羽毛之间的层次。

（五）知识拓展

运用其他雕刻手法，以锦鸡为主要表现形式，配上装饰，制作一款锦鸡组合雕刻。

1. 用白萝卜刻出底座，如图 27 所示。

2. 用心里美萝卜刻出牡丹花和花骨朵，用青萝卜雕刻出牡丹花叶子和小草，粘接在底座上。如图 28 所示。

3. 将刻好的锦鸡组装在底座上，加入点缀。如图 29 所示。

图 27

图 28

图 29

 思考与练习

1. 锦鸡的整体形态特征有哪些？
2. 根据本节课所学锦鸡的雕刻技法，制作出一款锦鸡的组合雕刻。

任务八　凤　凰

一、凤凰相关知识

凤凰，亦作"凤皇"，古代传说中的百鸟之王。雄的叫"凤"，雌的叫"凰"，总称凤凰，亦称丹鸟、火鸟等。"凤"和"凰"原指两种五彩鸟，凤是凤鸟，凰则是皇鸟。

凤凰经过漫长的历史演变，已成了纳福迎祥、华贵太平的象征，也象征着美满爱情、权力。

凤凰在食品雕刻中主要与龙搭配组装制作一些婚礼主题，如"龙凤呈祥"，也可以单独体现，如"凤戏牡丹""凤凰来仪"等，主要采用组合雕刻的方式。

二、凤凰雕刻过程

（一）雕刻工具

主刀、U 型戳刀、V 型戳刀、拉刻刀等。

（二）雕刻原料

青萝卜、胡萝卜、心里美萝卜等。

（三）雕刻步骤

1. 选用两根新鲜的青萝卜，切去两头，用胶水粘接在一起，将头部两边用主刀各去一刀修成斧棱形。如图 1~图 3 所示。

2. 用黑色水溶性铅笔在粘接好的萝卜上面画出凤凰头部的大形，切去青萝卜嘴部部分，再粘接上一块胡萝卜。如图 4、图 5 所示。

3. 用主刀沿着铅笔画的线条细刻出凤凰嘴部，并用 V 型戳刀戳出舌头。如图 6~图 8 所示。

4. 用主刀雕刻出凤凰头翎，用拉刻刀拉刻出头翎纹路。如图 9 所示。

5. 用主刀雕刻出凤凰的凤坠。如图 10 所示。

6. 用 U 型戳刀戳出凤凰的眼部，安上仿真眼，再用 V 型戳刀戳出颈部羽毛。如图 11、图 12 所示。

7. 用 V 型戳刀戳出凤凰腹部纹路，并用砂纸打磨光滑。如图 13 所示。

8. 另取一块原料，雕刻出凤凰的颈部羽毛和凤冠，并粘接在身体上。如图 14、图 15 所示。

9. 用拉刻刀拉刻出身体上的小羽毛，并另取原料粘接在凤凰身体上，作出腿部。如图 16、图 17 所示。

10. 雕刻出尾部羽毛和飘翎，粘接在尾部。如图 18、图 19 所示。

11. 雕刻出风胆和翅膀，粘接在凤凰身体上。如图 20~ 图 22 所示。

12. 取一块青萝卜雕刻出凤凰尾羽，并在青萝卜上粘贴一层用胡萝卜雕刻的羽毛，依次雕刻出 3 根尾羽。如图 23~ 图 26 所示。

13. 将雕刻好的尾羽和脚爪粘接在凤凰尾部，配上牡丹花。如图 27 所示。

图 1

图 2

图 3

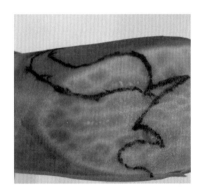

图 4

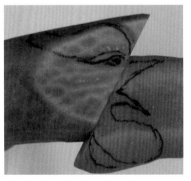

图 5

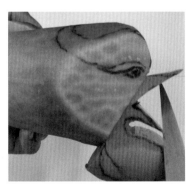

图 6

图 7

图 8

图 9

图 10

图 11

图 12

图 13

图 14

图 15

图 16

图 17

图 18

图 19

图 20

图 21

图 22

图 23

图 24

图 25

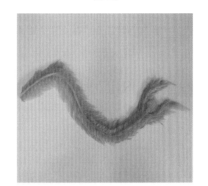

图 26

图 27

（四）技术要领

1. 雕刻刀法要熟练，并掌握好凤凰各个部位的比例。

2. 掌握好不同原料的衔接方法，要求自然美观。

3. 为了能使尾羽上翘，可用铁丝贴在尾羽下面起支撑作用。

4. 各部位粘接时，注意胶水不能外漏。

 思考与练习

1. 雕刻凤凰时有哪些注意事项？

2. 利用本节课所学凤凰的雕刻技法，制作出立凤造型。

任务九　孔　雀

一、孔雀相关知识

孔雀为鸡形目雉科鸟类，又名越鸟、南客。孔雀有两种，绿孔雀和蓝孔雀。白孔雀属于蓝孔雀的变种，其全身洁白无瑕，羽毛无杂色，眼睛呈淡红色，开屏时，就像一位美丽端庄的少女，穿着一件雪白高贵的婚纱，其数量稀少，是极为珍贵的观赏鸟，但目前经过人工的驯养，已经达到了种群自我维持的状态。白孔雀主要分布在印度、斯里兰卡等地区。

孔雀被视为最美丽的观赏鸟，是吉祥、善良、美丽、华贵的象征。无论在东方还是西方，孔雀都是尊贵的象征。

孔雀在食品雕刻中主要应用在一些大中型雕刻展台或主题宴会中，通常与花卉搭配组装，制作"孔雀迎宾"等雕刻作品。

二、孔雀雕刻过程

（一）雕刻工具

主刀、V型戳刀、拉刻刀等。

（二）雕刻原料

白萝卜、南瓜（或胡萝卜、青萝卜等）。

（三）雕刻步骤

1. 选用一根新鲜的白萝卜，将其切开并进行粘接。如图1所示。
2. 用黑色水溶性铅笔在粘接好的萝卜上面画出孔雀整体的大形，用主刀将边缘多余的原料去除。如图2、图3所示。
3. 用主刀刻出孔雀的颈部。取一小块南瓜粘接在孔雀的嘴部，并细刻出嘴部。如图4、图5所示。
4. 细刻出眼部，安上仿真眼。如图6所示。
5. 用主刀刻出孔雀头顶部的小羽毛。如图7所示。
6. 另取一根新鲜的白萝卜，将其粘接在孔雀身体的一侧，用拉刻刀修出翅膀的大形。如图8、图9所示。
7. 用主刀将翅膀上的羽毛依次刻出，并在孔雀身体的另一侧粘接上一块萝卜，刻出同样的翅膀。如图10、图11所示。
8. 用拉刻刀将孔雀颈部的鳞羽刻出。如图12所示。
9. 用拉刻刀将孔雀腿部及尾部的绒毛刻出。如图13、图14所示。

10. 取一块白萝卜，用 V 型戳刀戳出孔雀的尾羽和尾翎。如图 15~图 19 所示。

11. 取一块南瓜，用主刀刻出孔雀的脚爪。如图 20 所示。

12. 用南瓜刻出花瓶的造型，用白萝卜刻出玉兰花并涂上红色，将刻好的孔雀组装在花瓶上，粘接上尾羽。如图 21、图 22 所示。

13. 将刻好的尾翎粘接在孔雀身体后部。如图 23、图 24 所示。

14. 用南瓜刻出孔雀头翎，粘在牙签上，再粘在头顶上，作品制作完成。如图 25~图 27 所示。

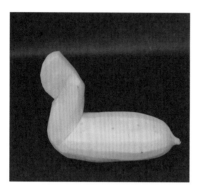

图 1

图 2

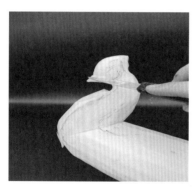

图 3

图 4

图 5

图 6

图 7   图 8

图 9   图 10

图 11   图 12

图 13   图 14

图 15

图 16

图 17

图 18

图 19

图 20

图 21

图 22

图 23

图 24

图 25

图 26

图 27

（四）技术要领

1.掌握好孔雀身体与尾部的比例，通常孔雀尾部是身体的3倍。

2.雕刻时注意孔雀的头部近似一个三角形。

3.在粘接尾部羽毛时，注意胶水不要外漏，以免影响整体美观。

4.在粘接尾部羽毛时，注意层次分明。为了使尾部羽毛更有立体感，可借用铁丝支撑。

5.孔雀尾羽最后一层要与前面尾羽末端略有区别，根部呈半圆形。

 思考与练习

1.雕刻孔雀时有哪些注意事项？

2.利用本节课所学孔雀的雕刻技法，制作出孔雀尾羽上翘的造型。

第二部分

冷　拼

项目一　冷拼概述

项目导学

冷拼是由一般的冷菜拼盘逐渐发展而成的，发源于中国，是悠久的中华饮食文化孕育的一颗璀璨明珠，其历史源远流长。冷拼讲究寓意吉祥、布局严谨、刀工精细、拼摆匀称、食用性高，要求制作者有一定的艺术修养和精湛的烹饪技艺。

项目目标

1. 了解冷拼的概念及相关知识。
2. 熟悉冷拼的应用及常用原料。
3. 掌握冷拼的原料加工方法、拼摆方法、制作过程。

任务一 冷拼的概念与应用

一、冷拼的概念

冷拼也称拼盘、花色拼盘、象形拼盘、工艺冷拼等，是指利用各种加工好的冷菜原料，采用不同的刀法和拼摆技法，按照一定的次序、层次和位置将多种冷菜原料拼摆成飞禽走兽、花鸟虫鱼、山水园林等各种平面的、立体的或半立体图案，提供给就餐者欣赏和食用的一门冷菜拼摆艺术。根据其表现手法的不同，冷拼一般可分为平面式、卧式、立体式。

冷拼是由一般的冷菜拼盘逐渐发展而成的，发源于中国，是中国饮食文化的重要组成部分。古时拼盘只作祭品陈列而不食用，后演变为拼盘。唐宋时期，拼盘不仅成为酒席宴上的佳肴，还成为艺术品。唐代就有了用菜肴仿制园林胜景的习俗，宋代则出现了以拼盘仿制园林胜景的形式。明清之时，拼盘技艺进一步发展，制作水平更加精细。新中国成立以后，烹饪行业不断推陈出新，花色拼盘也得到了大力发展。在全国的各种大赛中，花色拼盘都是作为一个独立的科目进行比赛。近几年，随着经济的发展，花色拼盘得到迅猛发展，原料的使用范围扩大，取材也更广泛，其运用范围也在不断扩大，拼摆形式也从以前的平面式向半立体式发展。

花色拼盘在宴席就餐程序中是最先与就餐者见面的头菜，它以艳丽的色彩、精湛的刀工、逼真的造型呈现在人们面前，令就餐者赏心悦目，引发食欲。

二、冷拼的应用

（一）突出宴会主题

花色拼盘在宴席中应用时，首先要突出宴席的主题。花色拼盘制作者在制作前，要充分了解宴席的目的，以便构思和设计花色拼盘的形式，使构思设计的图案符合宴席的主题，不能随意制作，否则会事倍功半，达不到突出宴席主题的目的。如喜宴，设计者可设计龙凤呈祥、鸳鸯戏水、金鱼戏莲等吉祥如意的图案，以表达喜庆吉祥、恩爱美好的愿景；寿宴，设计者可设计松鹤延年、寿桃、山水寿石等图案，以表达身体健康、延年益寿之意；庆功宴，设计者可设计锦上添花、前程似锦等图案，以表达功名成就、更进一步之意；团聚宴，设计者可设计幸福满堂、喜鹊相会等图案，以表达相逢喜悦、相聚团圆之意；迎宾宴，设计者可设计孔雀开屏、迎宾花篮等图案，以表达热情欢迎、友谊长存之意。

（二）烘托宴会氛围

由于花色拼盘色彩鲜艳、刀工精细、造型美观，能给就餐者艺术的享受，让就餐者沉浸在艺术与美食的享受之中，再加上突出的主题，随着一道道美食的品鉴，更加

深化了宴席的意义，达到烘托就餐氛围的目的。

（三）提升宴席档次

花色拼盘在宴席中能提升宴席的档次。一般来说，宴席的档次越高，花色拼盘制作的难度越大，制作越精细，造型也就越美观。同时，花色拼盘会选用一些高档原料，以显示主人的重视，给客人带来一种心理上的满足。

（四）展现厨师的高超技艺

由于花色拼盘在构思、设计、制作上需要精心设计来达到构思巧妙、制作精细、原料搭配合理、口味变化多样、图案造型栩栩如生、色彩绚丽的要求，因此，制作者要有一定的艺术修养和精湛的烹饪技艺。花色拼盘不仅给就餐者带来艺术享受，更展现了厨师的精湛的烹饪技艺。

 思考与练习

1. 未来冷拼会有哪些发展？
2. 冷拼在烹饪中有哪些应用？

任务二 冷拼的拼摆方法和制作过程

一、冷拼的拼摆方法

冷拼的拼摆方法是拼盘造型生动的关键所在。冷拼的拼摆方法是否合理得当，直接影响到拼盘的造型。因此，要了解冷拼的各种拼摆方法，以便在制作中灵活运用。

（一）排拼法

排拼法是拼盘制作中最常用的手法，就是将经过刀工处理成形的原料整齐且有规律地拼摆在盘中，讲究排列有序、比例协调。排拼法可应用在竹子、蝴蝶等艺术拼盘中。

（二）堆制法

堆制法是把加工成形或不规则形状的较小的原料，按花色拼盘图案的要求，码放在盘中，是一种较为简单的拼摆方法。冷拼的垫底多用此法。堆制法可采用一种原料，也可采用多种原料。堆制法呈现的一般形状有馒头形、宝塔形、山川形等。

（三）叠砌法

叠砌法是将刀工成形的原料，一片片有规则地码起来，形成一定图案。此法多用于鸟类的翅、尾的制作，一般选用片形原料，随切随砌，是一种比较精细的拼摆手法。制作时，随切随叠，完成后用刀铲起原料，覆盖在垫底的原料上；也可切片，在盘中叠砌成形。此法可应用在桥形、梅花、什锦拼盘上。

（四）摆贴法

摆贴法是运用巧妙的刀法，把原料切成特殊形状，按构思要求摆贴成各种图案，多用于禽鸟类、动物、树叶、鱼鳞等图案的拼盘，是一种难度较大的操作方法，需要具备熟练的拼摆技巧和一定的艺术修养。

（五）雕刻法

雕刻法是运用雕刻的方法对原料进行成形处理后，组拼在盘中的图案上，如鸟的嘴、爪等部位。此法在金鱼、小鸟等图案中应用较多。雕刻法要求制作者的雕刻技术精细、熟练，雕刻出的作品形态生动，结构比例准确。

（六）模具法

模具法可分为模压法和模铸法。模压法是运用各种空心模具将原料压成一定形状，再按花色拼盘图案的要求进行切摆，要求形状统一、美观，如梅花、禽鸟羽毛的制作

等。模铸法是将制作好的冻液，浇在一定形状的空心模具中，使其成为一定的图案，然后将成形的图案摆放在盘中，如拼摆的金鱼尾巴、湖水等图案。

（七）卷制法

卷制法是将原料改成薄片，或使用薄片的原料，以包馅或不包馅方式进行卷制，然后经过刀工处理后进行拼摆成形的手法，如萝卜卷、紫菜蛋卷、黄瓜卷等。一般来说，卷制法色彩鲜艳，摆制的造型美观。

（八）裱绘法

裱绘法是指将裱花蛋糕的技法应用于花色拼盘的制作中，将具有一定色彩、味型的胶体原料，装入特殊的裱绘工具中，在盘中或主题图案上挤裱绘制一定的图案或文字，起到衬托美化作用。

二、冷拼的制作过程

冷拼的制作过程和一般冷盘有相似之处，一般冷盘主要是以食用为主，注重食用价值，而艺术冷拼不仅需要特殊的拼摆技巧和食用价值，更多的是要追求一种艺术效果，使人们从生理上和精神上得到享受。整个制作过程要丝丝紧扣、顺序得当。

（一）确定主题

确定主题是制作者根据宴席主题设计作品，使作品的造型和寓意符合宴席的主题要求，包括构思、拟图和命名。

1.构思

构思就是制作冷拼的设想，设想符合宴席主题的图案造型。在构思中，要明确主题，选定题材、内容和表现形式，从题材立意、形象、色彩设计构图到选择原料、烹制、刀工处理等，都要进行周密的思考。同时，还要根据宴席的规模标准、就餐的季节性、就餐环境、就餐人员特点等进行构思。

2.拟图

拟图就是设计图案，主要是指艺术冷拼图案造型中的形态、结构、层次等的设计。在拟图过程中，要考虑盛器的大小、形状、色彩、原料的搭配以及图案整体结构和特征，利用原料和器皿特有的形态、色彩，将需要表现的效果巧妙地表现出来。

3.命名

根据构思形成的图案进行命名。在给冷拼命名时，要紧扣宴席主题，注意名称与主题相符。命名既要表达主题意境，又要寓意深刻，充满艺术色彩。

（二）确定坯型

确定坯型是制作艺术冷拼的基础，就是将原料制成坯型，以便于下一步的拼摆，主要包括选料、垫底和围边。

1.选料

选料是指根据构思和主题图案选择原料。在选料的过程中，要考虑到原料的品种、荤素的搭配、质地的老嫩、色彩的协调、口味的变化、刀法的结合以及加工过程对原料的影响。

2.垫底

垫底是指根据构思的图案，铺垫成图案雏形。垫底的好坏直接影响到冷拼的外观形态。一般选用垫底的原料较为松软细小、可塑性较强。垫底的大小、厚薄要根据图案构思的要求而定，如半立体造型就要比成品的形态小一点，平面的垫底要求薄一些等。

3.围边

围边又称砌边，是将选择的原料经过刀工处理后，按事先构思的造型，拼摆在垫底的周围。围边的原料要与下一步盖面的原料相一致，要根据具体情况，切拼均匀，一般是由下到上、由里到外进行，要将垫底的原料覆盖住，不可露出。

（三）拼摆成形

成形是指将各种原料，按照构思图案的各个部位色彩、形态的不同，进行刀工处理，然后拼摆成一个完整的整体，并进行适当装饰点缀的过程。成形可分为盖面和点缀两部分。

1.盖面

冷拼的盖面是指根据图案垫底的雏形，把不同颜色、质地、口味的原料经刀工处理成一定形状，按照构思图案的要求，均匀地拼摆在垫底的原料上，形成一个完整的整体。一般来说，先拼底后拼面，先拼边后拼中，先拼尾后拼头，先拼下后拼上，先拼立体后拼空间。

2.点缀

点缀是指在冷拼完成后，根据图案在盘中的大小及所留有的空间进行必要的装饰，以便突出整个冷拼的效果。点缀时要注意位置恰当、大小适宜、比例匀称，不能杂乱、超出主题。

 思考与练习

1.冷拼有哪些拼摆方法？
2.冷拼的制作包括哪些步骤？

任务三 冷拼常用原料及加工方法

冷拼食材的制作，主要是指冷菜的制作，其主要方法有：

一、拌

拌是指将可食的生原料或熟制晾凉的原料加工切配成较小原料，再加入调味品直接调拌成菜的烹调方法，具体可分为生拌、熟拌、生熟拌。其菜肴特点是清脆爽口、清凉鲜嫩、味型多样、色彩艳丽。常用的原料有黄瓜、香菜、番茄及各种水果，还有熟制的鱿鱼、猪肚、鸡丝、猪耳等。

二、炝

炝是指将加工成丝、条、片、块的小型原料经过焯水或滑油后，加入调味料拌匀的一种方法。炝可分为焯水炝和滑油炝。其菜肴特点是脆嫩、鲜香味醇、色泽明亮、花椒油芳香浓郁。常用的原料有土豆、冬笋、芦笋、菱白、芹菜、鸡肉、猪肚、虾仁、鱿鱼、猪腰等。

三、腌

腌是指将加工整理的原料用调味品或调味汁浸渍，去除原料中的水分和异味，使调味品渗透入味并使原料具有特殊质感和风味的一种烹调方法。腌可分为盐腌、醉腌和糟腌。其菜肴特点是口感爽脆、香味浓郁、色泽美观。常用的原料有新鲜的蔬菜和质地鲜嫩的鸡、鸭、鱼、虾、蟹等。

四、卤

卤是将原料放入调好的卤水中，用小火慢慢浸煮至成熟，再用原汤浸渍入味的一种烹调方法，有白卤和红卤之分。其菜肴特点是鲜嫩酥烂、香醇味厚。常用的原料有鸡、鸭、鹅、猪、牛、羊及其内脏，豆制品，禽蛋类等。制作卤菜，主要是调制卤水，也称卤汤，卤汤使用时间越长，卤出的原料质量越佳。

五、酱

酱是指将经过腌制或焯水后的原料放入酱汤中，先用旺火烧沸，再用小火煮制酥烂的一种烹调方法。其菜肴特点是酥烂味醇、五香味浓。常用的原料有鸡、鸭、鹅、猪、牛、羊及其内脏等。酱汤的好坏，直接影响到酱品的风味特色，用老汤酱制比用新调制的酱汤效果好。

六、冻

冻也称为"水晶"，就是将富含胶质的原料放入水锅中熬或蒸制，使其胶质溶于水中，经过滤、冷却，使原料凝结成一定形态，从而制成菜肴的一种烹调方法。按颜色可分为清冻和混冻；按用料可分为皮冻和胶冻；按口味有甜味和咸味之分。其菜肴特点是清澈透明、柔嫩滑润、色彩美观。常用的原料有猪肉皮、冻粉、食用明胶及富含胶质的其他原料。

除上述方法外，还有糟、酥、烤等加工方法。

 思考与练习

1. 冷拼常用的原料有哪些？
2. 冷拼常用原料的加工方法有哪些？

项目二　冷拼基本功

项目导学

　　冷拼基本功是冷拼技艺的基础，只有掌握了基本功当中的基础冷拼，如双拼、三拼等，才能更好地学习和掌握花色冷拼。在学习冷拼基本功的时候，要从简单到复杂、循序渐进逐步掌握冷拼的制作方法。

项目目标

　　1. 熟悉冷拼基本功。
　　2. 掌握冷拼基本的拼摆方法、造型方法及各种刀法的运用。
　　3. 通过冷拼基本功任务练习，加强动手能力，达到提高技能、举一反三的目的。

项目要求

　　1. 预习冷拼基本功各任务内容，查找相关资料。
　　2. 学生根据教师讲解及示范，掌握冷拼基本功并学会举一反三。
　　3. 学生根据实践要求，认真完成实践任务，提高动手能力，写出实训报告。
　　4. 教师根据学生作品实际情况，给予任务评价。

任务一 单 拼

一、任务准备

1.实训工具：刀具、菜墩、盛器等。

2.实训原料：白萝卜。

二、任务实施

1.用白萝卜作出长短两种坯料，然后再修成长梯形块。如图1、图2所示。

2.将下脚料切成细料，在盘中堆成圆锥形。如图3所示。

3.用拉切法拉切大块原料，切好的原料保持整齐不散，用刀将拉切好的原料搓一下，用刀轻拍成扇面形，均匀地拼摆在圆锥体的周围。如图4~图8所示。

4.按此方法，拼摆出第二层，第二层高度要高于第一层1cm左右，上口收紧。如图9所示。

5.拼摆完成。如图10所示。

图1

图2

图3

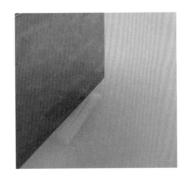

图4

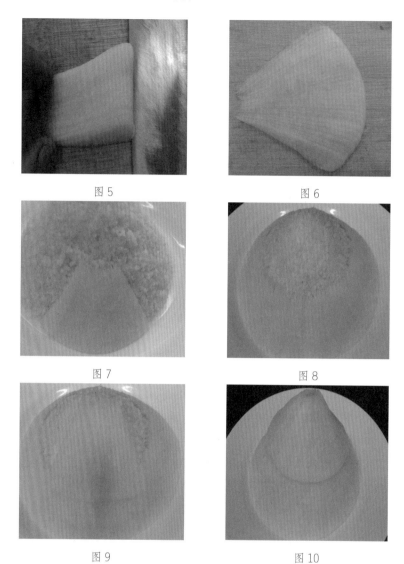

图 5　　　　　　　　　　　图 6

图 7　　　　　　　　　　　图 8

图 9　　　　　　　　　　　图 10

三、技术要领

1. 作出的坯料大小、长短要一致。
2. 垫底的面要平整。
3. 坯料切片要薄厚均匀。
4. 扇面原料间距及弧度要均匀一致。

 思考与练习

1. 单拼在垫底时要注意哪些事项？
2. 结合所学实训知识，制作一款单拼。

任务二　双　拼

一、任务准备

1.实训工具：刀具、菜墩、盛器等。

2.实训原料：白萝卜、方火腿。

二、任务实施

1.将白萝修成 0.5cm 厚的片放在平盘中间，分出两个半圆面。用火腿、白萝卜作出冷拼的坯料（方法同单拼），剩余原料切碎放在白萝卜片的两边，堆积成两个半球形。如图 1~ 图 3 所示。

2.将白萝卜坯料拉切成薄片，拼出白萝卜面第一层弧形面，按此方法拼摆第二个层面，拼摆成半圆形。如图 4、图 5 所示。

3.按照上述方法，拼摆出火腿面。如图 6、图 7 所示。

4.拼摆完成后抽出中间的白萝卜片，整理一下，拼摆完成。如图 8 所示。

图 1

图 2

图 3

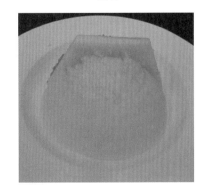

图 4

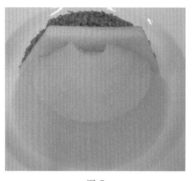

图 5

图 6

图 7

图 8

三、技术要领

1. 作出的坯料大小、长短要一致。
2. 垫底的面要平整，两个半球面要对称，中间缝隙断面要整齐。
3. 坯料切片要薄厚均匀。
4. 扇面原料间距及弧度要均匀一致。

 思考与练习

1. 双拼在垫底时要注意哪些事项？
2. 结合所学实训知识，制作一款双拼。

任务三 三 拼

一、任务准备

1.实训工具：刀具、菜墩、盛器等。
2.实训原料：白萝卜、方火腿、胡萝卜、心里美萝卜。

二、任务实施

1.把胡萝卜修成圆柱形放在盘子中央，再将心里美萝卜修成一边直角、一边弧形的 3 个片状，将盘子分成均匀的 3 等份。如图 1 所示。

2.用方火腿、白萝卜、胡萝卜作出冷拼的坯料。如图 2~图 4 所示。

3.将白萝卜、胡萝卜、方火腿切成片，分别将 3 个部分全部垫出底部大形，如图 5 所示。

4.用白萝卜切出拼摆的坯料，用拉切法切薄片拼摆成与垫底扇面大小相同的扇形面，先拼出第一个层面，然后再拼出第二个层面。如图 6 所示。

5.将方火腿切出拼摆的坯料，然后用拉切法切薄片拼摆成与垫底扇面大小相同的扇形面，先拼出第一个层面，然后再拼出第二个层面。如图 7 所示。

6.将胡萝卜切出拼摆的坯料，然后用拉切法切薄片拼摆成与垫底扇面大小相同的扇形面，先拼出第一个层面，然后再拼出第二个层面。如图 8 所示。

7.抽出开始隔开 3 个部分的心里美萝卜，整理一下，拼摆完成。如图 9、图 10 所示。

图 1

图 2

图 3

图 4

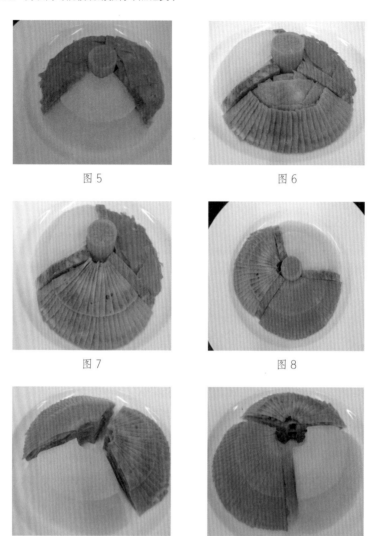

图 5   图 6

图 7   图 8

图 9   图 10

三、技术要领

1. 作出的坯料大小、长短要一致。
2. 垫底的面要平整，3 个面要对称，中间缝隙断面要整齐。
3. 坯料切片要薄厚均匀。
4. 扇面原料间距及弧度要均匀一致。

 思考与练习

1. 三拼在垫底时要注意哪些事项？
2. 结合所学实训知识，制作一款三拼。

任务四　什锦拼盘

一、任务准备

1.实训工具：刀具、菜墩、盛器等。

2.实训原料：心里美萝卜、白萝卜、方火腿、胡萝卜、小黄瓜、琼脂糕、鸡蛋干、西芹。

二、任务实施

1.将准备好的原料修成长梯形，作出什锦拼盘的坯料。如图 1 所示。

2.将下脚料切成末，垫出什锦拼盘的底料，并用萝卜丝分成 8 等份。如图 2 所示。

3.将心里美萝卜用拉切法拉切出薄片，用刀膛轻轻拍开，摆出整齐的扇面。如图 3 所示。

4.将其他 7 种原料运用同样的方法，分别切出整齐的扇面，拼出第一层平面。如图 4、图 5 所示。

5.运用同样的方法，拼出第二个层面。如图 6 所示。

6.用胡萝卜雕刻出宝塔的造型。如图 7、图 8 所示。

7.将刻好的宝塔放在盘子中心位置，周围拼摆上黄瓜片，再用西芹切成薄片推开，围在什锦拼盘的四周。如图 9、图 10 所示。

图 1

图 2

图 3

图 4

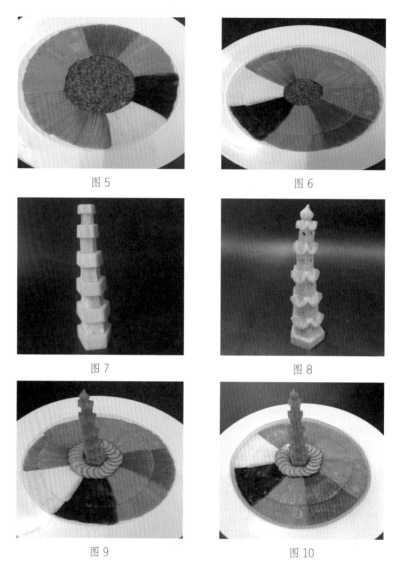

图 5

图 6

图 7

图 8

图 9

图 10

三、技术要领

1. 作出的坯料大小、长短要一致。

2. 垫底的面要平整，8 个面要对称，中间缝隙断面要整齐。

3. 坯料切片要薄厚均匀。

4. 扇面原料间距要均匀，弧度要一致。

 思考与练习

1. 什锦拼盘在拼摆时有哪些要求？

2. 结合所学实训知识，制作一款什锦拼盘。

项目三　花卉类造型拼盘

项目导学

花卉类造型拼盘在冷拼制作中比较常见。花卉类造型拼盘制作复杂、造型多样，有一定的技术难度，所以在学习这类拼盘前，先要掌握花卉类的外形基本结构，抓住其特征，再进行造型，从简单到复杂，循序渐进逐步掌握花卉类造型拼盘的方法。

项目目标

1.熟悉花卉类造型拼盘相关理论知识。
2.掌握花卉类造型拼盘的拼摆方法、造型方法及各种刀法的运用。
3.通过花卉类造型拼盘任务练习，加强动手能力，达到提高技能、举一反三的目的。

项目要求

1.预习花卉类造型拼盘各任务内容，查找相关资料。
2.学生根据教师讲解及示范，掌握花卉类造型拼盘并学会举一反三。
3.学生根据实践要求，认真完成实践任务，提高动手能力，写出实训报告。
4.教师根据学生作品实际情况，给予任务评价。

任务一　荷花、荷叶

一、任务准备

1. 实训工具：刀具、菜墩、盛器等。
2. 实训原料：青萝卜、蛋白糕、胡萝卜、粉色喷粉、澄粉、黄瓜、沙拉酱。

二、任务实施

1. 用调好的澄面作出圆形灯盏状，作为荷叶的底托备用。如图1所示。
2. 用剩余的澄面作出荷花花瓣的底托。如图2所示。
3. 用青萝卜作出拼摆荷叶的坯料，用拉切法切出拼摆的原料，然后在背面抹上沙拉酱，拼摆在荷叶底托上，按此方法直至拼摆完成荷叶。用黄瓜修出小圆片，盖在荷叶中间收口部分，荷叶完成。如图3~图7所示。
4. 用蛋白糕作出荷花的坯料，用雕刻刀修出荷花花瓣的料形，将做好的荷花花瓣用粉色喷粉上色。如图8~图12所示。

图1

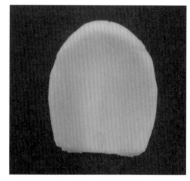

图2

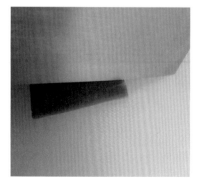

图3

图4

图 5

图 6

图 7

图 8

图 9

图 10

图 11

图 12

5. 将上完色的荷花花瓣依次放在花瓣的底托上，中间放上用小黄瓜雕刻的莲心。如图 13 所示。

6. 用青萝卜刻出小荷叶，用胡萝卜作出涟漪的形状，点缀在荷花、荷叶周围。如图 14 所示。

图 13   图 14

三、技术要领

1. 作出的每层荷花、荷叶坯料要匀称。
2. 每层荷花瓣底托的大小要一致。
3. 荷花、荷叶拼摆要细致。
4. 色彩搭配要合理。
5. 冷拼在盛器中的摆放、布局要合理美观。

 思考与练习

1. 如何做好荷花、荷叶冷拼的垫底？
2. 结合所学实训知识，设计制作一款荷花、荷叶造型拼盘。

任务二　牡丹花

一、任务准备

1.实训工具：刀具、菜墩、盛器等。

2.实训原料：心里美萝卜、小黄瓜、方火腿、胡萝卜、鸡肉肠、蒜蓉肠、澄粉、沙拉酱。

二、任务实施

1.用调好的澄面作出圆形灯盏状，作为牡丹花的底托备用。如图1所示。

2.将心里美萝卜修成牡丹花的坯料，用拉切法拉出薄片。如图2所示。

3.将拉切好的薄片用刀排出扇形，作出牡丹花的花瓣，用纸巾吸干萝卜水分，放在手心里用手指压出窝状。如图3~图6所示。

4.将做好的牡丹花花瓣抹上沙拉酱，拼摆在底托上，依次拼出3层，每层5瓣。如图7~图10所示。

5.用胡萝卜作出花蕊，放在牡丹花中心位置。如图11、图12所示。

图1

图2

图3

图4

图 5

图 6

图 7

图 8

图 9

图 10

图 11

图 12

6.用方火腿等原料作出扇子造型，用胡萝卜等原料作出假山造型，与牡丹花组装在一起。如图 13 所示。

图 13

三、技术要领

1.作出的每一瓣牡丹花瓣坯料大小要一致。
2.花瓣边缘要整齐利落，层次均匀。
3.花瓣要弯出自然弧度，形象美观。
4.色彩搭配要合理。
5.冷拼在盛器中的摆放、布局要合理美观。

 思考与练习

1.牡丹花在拼摆时要注意哪些要点？
2.结合所学实训知识，设计制作一款牡丹花造型拼盘。

任务三　迎客松

一、任务准备

1. 实训工具：刀具、菜墩、盛器等。
2. 实训原料：熟虾、火腿肠、胡萝卜、心里美萝卜、澄粉、黄瓜、沙拉酱、香菇等。

二、任务实施

1. 用调好的澄面作出迎客松枝干大形备用。如图 1 所示。

2. 将泡好的干香菇去蒂片薄，覆盖在澄面作出的迎客松枝干上，迎客松枝干完成。如图 2~ 图 4 所示。

3. 黄瓜皮部分连刀切，然后拍平，作出松枝，依次摆放在迎客松的枝干上，松树部分完成。如图 5~ 图 7 所示。

4. 用黄瓜片作出远处的山峦和仙鹤，用白萝卜作出云彩，用胡萝卜作出太阳。如图 8 所示。

5. 依次用胡萝卜、心里美萝卜、火腿肠、黄瓜、熟虾作出迎客松根部的山石，依次摆放好，放入用黄瓜皮刻出的小草，整理一下，迎客松完成。如图 9 所示。

图1

图2

图3

图4

图 5

图 6

图 7

图 8

图 9

三、技术要领

1. 作出的松树树干要形象。
2. 松枝要切得匀称。
3. 树干松枝拼摆要细致。
4. 色彩搭配要合理。
5. 冷拼在盛器中的摆放、布局要合理美观。

 思考与练习

1. 如何做好迎客松拼盘的垫底？
2. 结合所学实训知识，设计制作一款迎客松造型拼盘。

任务四 竹子、竹笋

一、任务准备

1.实训工具：刀具、菜墩、盛器等。

2.实训原料：青萝卜、蛋白糕、胡萝卜、心里美萝卜、澄粉、黄瓜、沙拉酱、方火腿等。

二、任务实施

1.用调好的澄面作出竹子的大形，备用。如图1所示。

2.用剩余的澄面作出竹笋的形状。如图2所示。

3.用青萝卜作出拼摆竹子的坯料，用拉切法切出拼摆的原料，然后在背面抹上沙拉酱，拼摆在澄面做的竹子大形上，按此方法拼摆完成竹子。用青萝卜皮修出竹节，盖在竹节中间收口部分，再用青萝卜皮刻出竹叶组装起来，竹子完成。如图3~图8所示。

4.用青萝卜、蛋白糕、胡萝卜、心里美萝卜作出竹笋的坯料，用拉切法切出拼摆的原料，在背面抹上沙拉酱，拼摆在澄面做的竹笋大形上。用青萝卜皮刻出笋尖粘在笋的尖部，竹笋完成。如图9~图12所示。

图1

图2

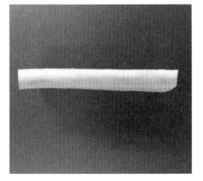

图3

图4

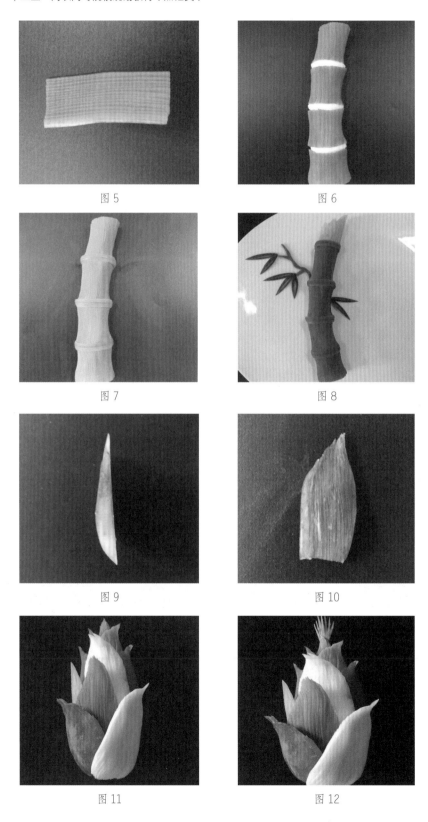

图 5

图 6

图 7

图 8

图 9

图 10

图 11

图 12

5.将拼摆完的竹笋和竹子组装起来，在竹子、竹笋的根部用方火腿、胡萝卜、心里美萝卜等拼摆出山石，最后放上用黄瓜刻的小草，拼摆完成。如图 13 所示。

图 13

三、技术要领

1.作出的竹子、竹笋坯料要匀称。
2.竹子和竹笋拼摆要细致。
3.色彩搭配要合理。
4.冷拼在盛器中的摆放、布局要合理美观。

 思考与练习

1.如何做好竹子拼盘的垫底?
2.结合所学实训知识，设计制作一款竹子造型拼盘。

项目四　果蔬类造型拼盘

项目导学

在冷拼当中，一方面，果蔬类造型拼盘用于搭配其他类型拼盘，衬托主题，比如冷拼"吉猴献寿"中拼摆寿桃与猴子搭配，冷拼"金鸡报晓"中拼摆白菜、南瓜等与公鸡搭配，都能起到凸显主题的作用；另一方面，果蔬类造型拼盘也可单独完成作品，比如冷拼"硕果累累"。拼摆时要把每个品种的基本特征表现出来，并注意衬托物的搭配。

项目目标

1.熟悉果蔬类造型拼盘相关理论知识。

2.掌握果蔬类造型拼盘的拼摆方法、造型方法及各种刀法的运用。

3.通过果蔬类造型拼盘任务练习,加强动手能力,达到提高技能、举一反三的目的。

项目要求

1.预习果蔬类造型拼盘各任务内容，查找相关资料。

2.学生根据教师讲解及示范，掌握果蔬类造型拼盘并学会举一反三。

3.学生根据实践要求，认真完成实践任务，提高动手能力，写出实训报告。

4.教师根据学生作品实际情况，给予任务评价。

任务一 南 瓜

一、任务准备

1. 实训工具：刀具、菜墩、盛器等。

2. 实训原料：青萝卜、南瓜、胡萝卜、心里美萝卜、澄粉、黄瓜、沙拉酱等。

二、任务实施

1. 用调好的澄面作出南瓜的大形，备用。如图 1、图 2 所示。

2. 用剩余的澄面作出南瓜叶的形状。如图 3 所示。

3. 用心里美萝卜、青萝卜、南瓜作出拼摆南瓜的坯料，用拉切法切出拼摆的原料，然后在背面抹上沙拉酱，拼摆在澄面南瓜大形上，按此方法直至拼摆完成南瓜。用胡萝卜刻出南瓜瓜柄，盖在南瓜中间收口部分，南瓜完成。如图 4~图 10 所示。

4. 用黄瓜作出南瓜叶的坯料，用拉切法切出拼摆的原料，然后在背面抹上沙拉酱，拼摆在南瓜叶大形上，依次完成南瓜叶的拼摆。如图 11、图 12 所示。

图 1

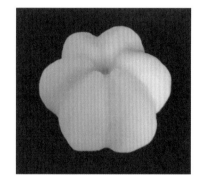

图 2

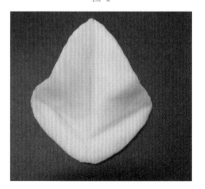

图 3

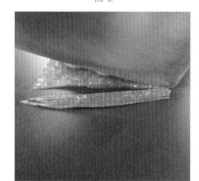

图 4

图 5

图 6

图 7

图 8

图 9

图 10

图 11

图 12

5.将拼摆完的南瓜叶和南瓜组装起来，再用西瓜皮雕刻南瓜藤装饰，整理，拼摆完成。如图 13 所示。

图 13

三、技术要领

1.作出的南瓜和叶子坯料要形象美观。
2.南瓜和叶子拼摆要细致。
3.色彩搭配要合理。
4.冷拼在盛器中的摆放、布局要合理美观。

 思考与练习

1.如何做好南瓜拼盘的垫底？
2.结合所学实训知识，设计制作一款南瓜造型拼盘。

任务二 寿 桃

一、任务准备

1. 实训工具：刀具、菜墩、盛器等。
2. 实训原料：蛋白糕、澄粉、黄瓜、沙拉酱、粉红色喷粉。

二、任务实施

1. 用调好的澄面作出寿桃的大形，备用。如图1所示。
2. 用剩余的澄面作出寿桃叶子的形状。如图2所示。
3. 用蛋白糕作出拼摆寿桃的坯料，用拉切法切出拼摆的原料，然后在背面抹上沙拉酱，拼摆在澄面寿桃大形上，按此方法直至拼摆完成寿桃，最后用粉红色喷粉上色即可。如图3~图7所示。
4. 用黄瓜作出寿桃叶的坯料，用拉切法切出拼摆的原料，然后在背面抹上沙拉酱，拼摆在寿桃叶的大形上，依次完成寿桃叶的拼摆。如图8、图9所示。
5. 将拼摆完的寿桃叶和寿桃组装起来，整理，拼摆完成。如图10所示。

图1

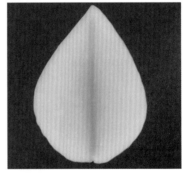

图2

图3

图4

图 5

图 6

图 7

图 8

图 9

图 10

三、技术要领

1. 作出的寿桃和叶子坯料要形象美观。
2. 寿桃和叶子拼摆要细致。
3. 色彩搭配要合理。
4. 冷拼在盛器中的摆放、布局要合理美观。

 思考与练习

1. 拼摆寿桃时要注意哪些事项？
2. 结合所学实训知识，设计制作一款寿桃造型拼盘。

项目五　鱼虫类造型拼盘

 项目导学

　　鱼虫类造型拼盘主要用于一些宴会上，用来烘托宴会的氛围。比如喜宴以蝴蝶为主题，拼摆一组"蝶恋花"的作品；家宴以金鱼为主题，拼摆一组"金玉满堂"的作品。拼摆时，要把每个品种的基本特征表现出来，并注意衬托物的搭配。

 项目目标

　　1. 熟悉鱼虫类造型拼盘相关理论知识。
　　2. 掌握鱼虫类造型拼盘的拼摆方法、造型方法，熟练运用各种刀法。
　　3. 通过鱼虫类造型拼盘任务练习，加强动手能力，达到提高技能、举一反三的目的。

 项目要求

　　1. 预习鱼虫类造型拼盘各任务内容，查找相关资料。
　　2. 学生根据教师讲解及示范，掌握鱼虫类造型拼盘任务并学会举一反三。
　　3. 学生根据实践要求，认真完成实践任务，提高动手能力，写出实训报告。
　　4. 教师根据学生作品实际情况，给予任务评价。

任务一 蝴 蝶

一、任务准备

1.实训工具：刀具、菜墩、盛器等。

2.实训原料：蛋白糕、澄粉、青萝卜、沙拉酱、心里美萝卜、方火腿、胡萝卜、萝卜卷等。

二、任务实施

1.用调好的澄面作出蝴蝶的大形，备用。如图1所示。

2.用蛋白糕、青萝卜、心里美萝卜作出拼摆蝴蝶翅膀的坯料，用拉切法切出拼摆的原料，然后在背面抹上沙拉酱，拼摆在澄面蝴蝶翅膀大形上，按此方法直至拼摆完成蝴蝶翅膀。如图2~图6所示。

3.用黄瓜刻出蝴蝶的身体，和翅膀组装起来，蝴蝶完成。如图7所示。

4.用方火腿、心里美萝卜、黄瓜、胡萝卜、萝卜卷作出山石进行装饰，最后用黄瓜刻的小草点缀，整理，拼摆完成。如图8所示。

图1

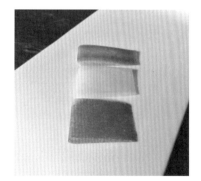

图2

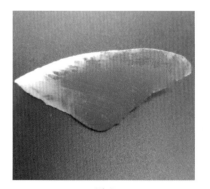

图3

图4

图5

图6

图7

图8

三、技术要领

1. 作出的蝴蝶坯料要形象美观。
2. 拼摆要细致，比例要恰当，注意蝴蝶翅膀的拼摆层次。
3. 色彩搭配要合理。
4. 冷拼在盛器中的摆放、布局要合理美观。

 思考与练习

1. 如何做好蝴蝶拼盘的垫底？
2. 结合所学实训知识，设计制作一款蝴蝶造型拼盘。

任务二 金 鱼

一、任务准备

1.实训工具：刀具、菜墩、盛器等。

2.实训原料：蛋白糕、澄粉、黄瓜、沙拉酱、青萝卜、鱼蓉卷（橘红色、绿色、黄色）、胡萝卜、琼脂、绿色食用色素、心里美萝卜等。

二、任务实施

1.用调好的澄面作出金鱼的大形，备用。如图1所示。

2.用胡萝卜刻出金鱼的头部，将其安装在澄面金鱼大形上。如图2、图3所示。

3.用滴入墨鱼汁的蛋白糕作出拼摆金鱼尾部的坯料，用拉切法切出拼摆的原料，然后在背面抹上沙拉酱，拼摆在金鱼的尾巴上，按此方法拼摆完成金鱼尾巴。如图4~图7所示。

4.用橘红色、绿色、黄色鱼蓉卷切圆薄片，拼摆出金鱼身上的鳞片，并装上刻好的背鳍，拼摆过程注意色彩的搭配。如图8~图12所示。

图1

图2

图3

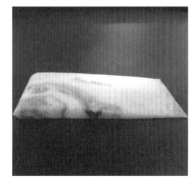

图4

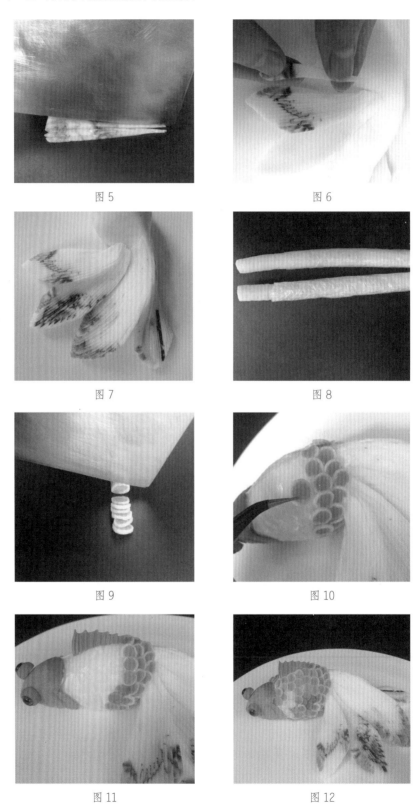

图 5

图 6

图 7

图 8

图 9

图 10

图 11

图 12

5. 将金鱼移到铺有绿色琼脂的盘子中，用琼脂粒作出金鱼的头冠，并装上刻好的胸鳍、腹鳍，金鱼拼摆完成。如图 13 所示。

6. 用心里美萝卜拼摆荷花，黄瓜拼摆荷叶点缀（方法见荷花、荷叶的拼摆），拼摆完成。如图 14 所示。

图 13   图 14

三、技术要领

1. 作出的金鱼坯料要形象美观。

2. 拼摆要细致，比例要恰当，注意鱼尾、鱼鳞的拼摆层次。

3. 色彩搭配要合理。

4. 冷拼在盛器中的摆放、布局要合理美观。

 思考与练习

1. 如何做好金鱼拼盘的色彩搭配？

2. 结合所学实训知识，设计制作一款金鱼造型拼盘。

项目六　禽鸟类造型拼盘

项目导学

　　禽鸟类造型拼盘主要用于一些高档宴会，用来烘托宴会的氛围。比如升迁宴以锦鸡为主题，拼摆一组"前程似锦"的作品；喜宴以喜鹊为主题，拼摆一组"喜上眉梢"的作品。拼摆时，要把每个品种的基本特征表现出来，并注意衬托物的搭配，力求特征突出、形态逼真。

项目目标

　　1.熟悉禽鸟类造型拼盘相关理论知识。
　　2.掌握禽鸟类造型拼盘的拼摆方法、造型方法，熟练运用各种刀法。
　　3.通过禽鸟类造型拼盘任务练习，加强动手能力，达到提高技能、举一反三的目的。

项目要求

　　1.预习禽鸟类造型拼盘各任务内容，查找相关资料。
　　2.学生根据教师讲解及示范，掌握禽鸟类造型拼盘并学会举一反三。
　　3.学生根据实践要求，认真完成实践任务，提高动手能力，写出实训报告。
　　4.教师根据学生作品实际情况，给予任务评价。

任务一 小 鸟

一、任务准备

1.实训工具：刀具、菜墩、盛器等。

2.实训原料：澄粉、黄瓜、沙拉酱、心里美萝卜、胡萝卜、青萝卜、南瓜。

二、任务实施

1.用调好的澄面作出小鸟的大形，备用。用胡萝卜刻出小鸟的嘴，用青萝卜刻出小鸟的尾巴，组装在澄面小鸟大形上。如图 1、图 2 所示。

2.用南瓜作出拼摆小鸟身体的坯料，用拉切法切出拼摆的原料，然后在背面抹上沙拉酱，拼摆在小鸟的大形上，按此方法直至拼摆完成小鸟。如图 3~ 图 7 所示。

3.用心里美萝卜和黄瓜修出小鸟翅膀的坯料，用拉切法切出拼摆的原料，然后在背面抹上沙拉酱，拼摆在小鸟的翅膀上。如图 8~ 图 10 所示。

4.用胡萝卜刻出小鸟爪子，组装在小鸟的身体上，整理，拼摆完成。如图 11 所示。

图1

图2

图3

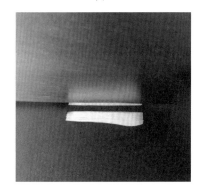

图4

图 5

图 6

图 7

图 8

图 9

图 10

图 11

三、技术要领

1.作出的小鸟坯料要形象美观。

2.拼摆要细致，比例要恰当，注意小鸟身体、翅膀的拼摆层次。

3.色彩搭配要合理。

4.冷拼在盛器中的摆放、布局要合理美观。

 思考与练习

1.拼摆小鸟时要注意哪些事项？

2.结合所学实训知识，设计制作一款小鸟造型拼盘。

任务二　锦　鸡

一、任务准备

1. 实训工具：刀具、菜墩、盛器等。

2. 实训原料：澄粉、黄瓜、沙拉酱、心里美萝卜、胡萝卜、青萝卜、蛋白糕、黑色琼脂糕、方火腿、茄子等。

二、任务实施

1. 用调好的澄面作出锦鸡身体的大形，备用。如图1所示。

2. 用胡萝卜刻出锦鸡的头部和嘴部，组装在锦鸡身体的大形上备用。如图2所示。

3. 用黑色琼脂糕作出拼摆锦鸡尾巴的坯料，拼摆在锦鸡的尾巴上。如图3所示。

4. 用胡萝卜、青萝卜、心里美萝卜、蛋白糕作出拼摆锦鸡身体的坯料，用拉切法切出拼摆的原料，然后在背面抹上沙拉酱，从锦鸡的尾部依次往头部拼摆在锦鸡的大形上，按此方法直至拼摆完成锦鸡的身子。如图4~图8所示。

5. 用黑色琼脂糕、黄瓜、白萝卜修出拼摆锦鸡翅膀的原料，用拉切法切出拼摆的原料，然后在背面抹上沙拉酱，拼摆完成锦鸡的翅膀。如图9~图12所示。

图1

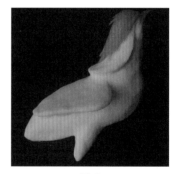

图2

图3

图4

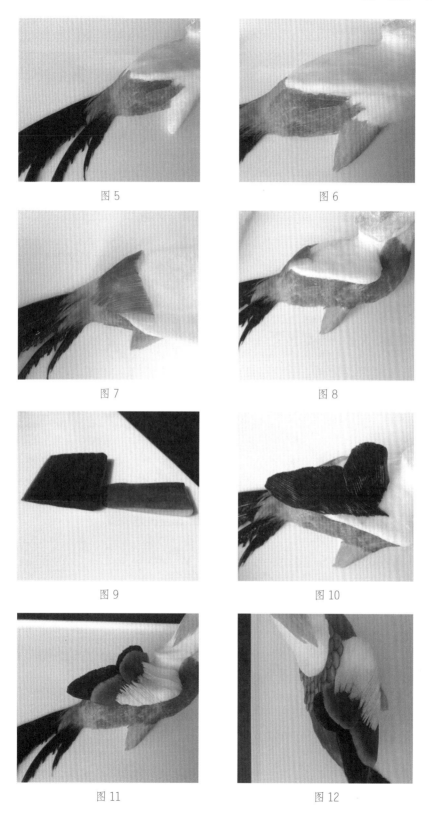

图 5　　　　　　　　　　　　　　图 6

图 7　　　　　　　　　　　　　　图 8

图 9　　　　　　　　　　　　　　图 10

图 11　　　　　　　　　　　　　图 12

6. 用茄子修出锦鸡颈部的羽毛，依次拼摆完成。如图 13、图 14 所示。

图 13

图 14

7. 组装上刻好的锦鸡脚爪。用方火腿、心里美萝卜、白萝卜拼摆出装饰的山石组装起来，点缀小草，整理，拼摆完成。如图 15 所示。

图 15

三、技术要领

1. 作出的锦鸡坯料要形象美观。

2. 拼摆要细致，比例要恰当，注意锦鸡身体、翅膀的拼摆层次。

3. 色彩搭配要合理。

4. 冷拼在盛器中的摆放、布局要合理美观。

 思考与练习

1. 如何做好锦鸡拼盘的垫底？

2. 结合所学实训知识，设计制作一款锦鸡造型拼盘。

任务三 鸳 鸯

一、任务准备

1. 实训工具：刀具、菜墩、盛器等。

2. 实训原料：澄粉、黄瓜、沙拉酱、心里美萝卜、胡萝卜、青萝卜、蛋白糕、方火腿、西兰花、虾、西芹等。

二、任务实施

1. 用胡萝卜刻出鸳鸯的头部，并用调好的澄面作出鸳鸯身体的大形，备用。如图 1 所示。

2. 用胡萝卜、青萝卜、心里美萝卜、蛋白糕、萝卜卷作出拼摆鸳鸯身体的坯料，用拉切法切出拼摆的原料，然后在背面抹上沙拉酱，从鸳鸯的尾部依次往头部拼摆在鸳鸯的大形上，按此方法直至拼摆完成。如图 2~ 图 8 所示。

3. 按照以上方法拼摆出第二只鸳鸯。如图 9 所示。

4. 用胡萝卜刻出装饰用的小鲤鱼。如图 10 所示。

5. 作出树枝的枝叶和窗框，再用以前学过的方法拼出荷叶。如图 11、图 12 所示。

图 1

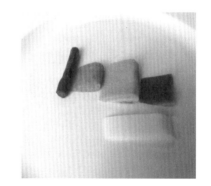

图 2

图 3

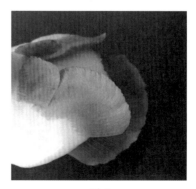

图 4

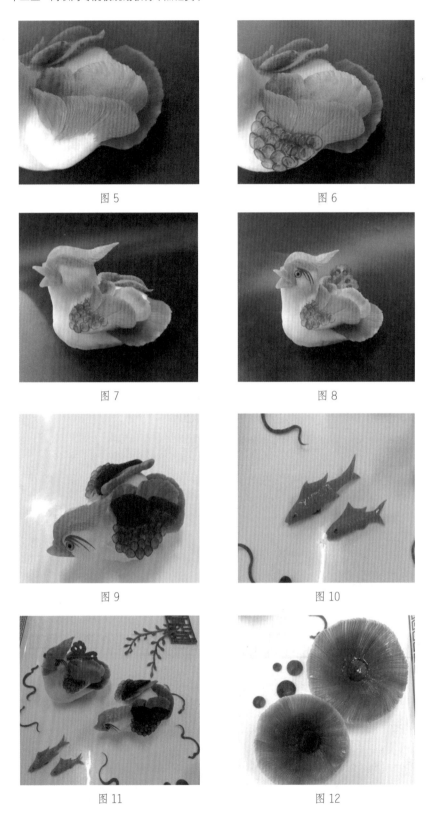

图 5　　　　　　　　　　　图 6

图 7　　　　　　　　　　　图 8

图 9　　　　　　　　　　　图 10

图 11　　　　　　　　　　　图 12

6.用方火腿、心里美萝卜、胡萝卜、黄瓜、虾、芹菜、西兰花拼摆出装饰用的山石。如图 13 所示。

7.将以上拼摆好的部件放在盘子适当的位置组装起来，最后装饰波浪、窗户、柳叶、小草，整理，拼摆完成。如图 14 所示。

图 13

图 14

三、技术要领

1.作出的鸳鸯坯料要形象美观。

2.拼摆要细致，比例要恰当，注意鸳鸯身体、翅膀的拼摆层次。

3.色彩搭配要合理。

4.冷拼在盛器中的摆放、布局要合理美观。

 思考与练习

1.如何做好鸳鸯拼盘的色彩搭配?

2.结合所学实训知识，设计制作一款鸳鸯造型拼盘。

任务四 公 鸡

一、任务准备

1. 实训工具：刀具、菜墩、盛器等。

2. 实训原料：澄粉、黄瓜、沙拉酱、心里美萝卜、胡萝卜、青萝卜、蛋白糕、黑色琼脂糕、黑色喷粉、方火腿、萝卜卷。

二、任务实施

1. 用调好的澄面作出公鸡身体的大形，备用。如图 1 所示。

2. 用胡萝卜刻出公鸡的爪子，用心里美萝卜刻出公鸡的头，备用。如图 2 所示。

3. 用蛋白糕作出拼摆锦鸡尾巴的坯料，然后用黑色喷粉上色，拼摆在公鸡的尾部。如图 3~ 图 5 所示。

4. 用胡萝卜、青萝卜、心里美萝卜、蛋白糕作出拼摆锦鸡身体的坯料，用拉切法切出拼摆的原料，然后在背面抹上沙拉酱，从公鸡的尾部依次往上拼。按此方法拼到公鸡的翅膀位置后，装上用白萝卜刻的翅膀。如图 6~ 图 10 所示。

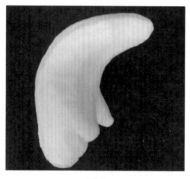

图 1

图 2

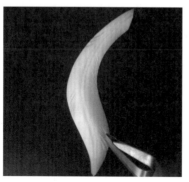

图 3

图 4

图 5　　　　　　　　　　　　图 6

图 7　　　　　　　　　　　　图 8

图 9　　　　　　　　　　　　图 10

5. 用黑色琼脂糕、黄瓜、萝卜卷修出拼摆公鸡翅膀的原料，用拉切法切出拼摆的原料，然后在背面抹上沙拉酱，拼摆完成公鸡的翅膀。如图 11～图 13 所示。

6. 用蛋白糕拼摆出公鸡其他部分的羽毛，组装上刻好的公鸡爪子和公鸡头部，拼摆完成。如图 14 所示。

7. 用方火腿、心里美萝卜、白萝卜、萝卜卷、黄瓜拼摆出装饰用的山石，组装起来，点缀小草，整理，拼摆完成，如图 15 所示。

图 11

图 12

图 13

图 14

图 15

三、技术要领

1. 作出的公鸡坯料要形象美观。

2. 拼摆要细致，比例要恰当，注意公鸡身体、翅膀的拼摆层次。

3. 色彩搭配要合理。

4. 冷拼在盛器中的摆放、布局要合理美观。

 思考与练习

1. 公鸡拼盘在拼摆时要注意哪些事项？

2. 结合所学实训知识，设计制作一款公鸡造型拼盘。

附　录

附录一　实训任务分析报告

实训任务名称_____　实训日期_____　实训成绩_____

实训任务的 目的与要求	
实训任务需用 的器具与设备	
实训任务需用 的材料	
实训任务的 步骤与方法	1. 2. 3. 4. 5. 6. 7. 8.
实训任务的 注意事项	1. 2. 3. 4. 5.
实训任务小结	
评语	

附录二　实训任务实习操作评分表

评分表

姓名	构思 （10分）	形态 （20分）	色泽 （20分）	刀工 （20分）	操作时间 （10分）	操作规范 （10分）	操作卫生 （10分）	总得分

参 考 文 献

［1］周文勇，张大中 . 食品雕刻技艺［M］. 北京：高等教育出版社，2005.

［2］胡建国 . 中式冷菜［M］. 北京：科学出版社，2012.

［3］江泉毅 . 食品雕刻［M］. 重庆：重庆大学出版社，2015.

［4］钱峰，许鑫 . 花色拼盘设计与制作［M］. 北京：中国轻工业出版社，2015.

［5］文岐福，韦昔奇 . 冷菜与冷拼制作技术［M］. 北京：机械工业出版社，2017.